映像で伝える時代へのメッセージ

地域を見つめた36年の記録

映像で伝えきれない
ドキュメンタリストの「心」とは!!

まえがき

テレビメディアの世界に飛び込んで、この春で五一年目に入る。

この間、四〇本近いドキュメンタリー制作に関わってきた。戦争、経済、福祉、教育、医療、環境と各分野に及ぶ。それは地域で暮らす人々の平凡で当たり前の暮らしの中に、心ひきつけられるテーマがあったからだ。ドキュメンタリーとは、時代と人間を記録する映像ドラマである。生きる上での喜び、悲しみ、挫折、別れ、挑戦などそれぞれに繰り広げられる主人公の生き様に共鳴し、そのイメージを膨らませながら事実を追うのだ。そして、事実を追うそのプロセスから徐々に社会に問うテーマが浮かび上がってくる。私はそうやってドキュメンタリー作りにチャレンジしてきた。

日本海テレビジョン放送（本社・鳥取市）に入社したのは一九七一年、報道部へ配属された。特に強いメディア志望があったわけではなかった。ニュース取材に追われる日々の中で、ドキュメンタリー制作に初めてチャレンジしたのは三六歳の時である。きっかけとなったのは日本テレビ系列の放送局で構成するＮＮＮドキュメント（毎週日曜日の深夜放送）会議に出席したことだった。一九七〇年にスタートした時は日本テレビの単独制作番組だったが、一九七四年からNNN（日本テレビニュースネットワーク）の共同制作番組となり、系列各社がどんどん制作に加わるようになった。実は当時この番組の窓口となっていたのは、大半の社がニュース担当の報道部だった。日々のニュース取材で良いテーマが見つかれば報道部員が挑戦できる仕組みになっていた。これがきっかけで、制作部ではなく報道部員の私が年二回開催されるNNNドキュメント会議（系列三〇局）に出席することになった。これがドキュメンタリー人生への転換点だった。

当時、政治的課題にもなっていた中国残留婦人問題に取り組んでいた山口放送の磯野恭子（故人）さんら、出席者には全国的に知られる優れたディレクターが名を連ねていた。ベテランから若手まで四〇人近く出席する二泊三日のドキュメント会議は、毎年夏と冬に「合宿」の形で開催された。持ち込まれた企画書を徹底的に討論する、とても厳しい会議だった。ここで評価されなくては全国放送は無理なのだ。核、戦争、沖縄、公害、先端医療と系列各社の企画内容は多岐にわたっている。テレビジャーナリストとしてそれぞれのテーマに真正面から向き合うプロデューサー、ディレクターの〝情熱〟と〝こだわり〟の強さに圧倒された。日本海テレビでは、「絶対に学べない異次元の世界」を強く感じた。このドキュメント会議で培った経験とNNN系列局スタッフとの多彩な人脈が、その後の私にはかけがえのない財産となった。

上智大学新聞学科の音好宏教授は、当時、定期的に系列局へ送られてくる「NNNドキュメント制作だより」の執筆者で、放送された一本一本の作品を実に細かく論評されていた。ローカル局のスタッフには学ぶことが多く、私も音さんの論評で制作意欲を掻き立てられた一人だった。

ドキュメンタリーは、一つ一つの事実を冷静かつ客観的に記録を積み重ねていく一方で、特に主人公との「心の共鳴」なくしては成り立たない。取材を続ける月日の重みが、やがて光を放つかのように「心の声」が聞こえるようになり、一歩ずつ前へ進むようになるのだ。その根底に流れるのはあくまで〝人間的視点〟つまりヒューマニズムである。

私が心がけたのは、弱者の視点で社会の片隅を見つめることだった。劇的なことより平凡なこと、大きいものより小さなもの、強い人より弱い人に目を向け、その中から隠された問題に光を当て、時代と社会へ問う普遍的価値を探し求めることだった。必要なのは「時代と人を読み取る力」。そして、辛抱強くあきらめない心、つまり「継続性」にあると思っている。ドキュメンタリーにおいて〝時間という空間〟はもう一つの演出者なのだ。

ドキュメンタリーのテーマは戦争と平和、原発、人権、公害、農業問題など当時の時代背景とそれぞれの地域の特性、つまり土地柄や人間性に否応なく左右される。

メディアが飛びつくような大きな話題が少ない山陰地方をエリアとする私がめざしたのは、公害、原発といったニュース性や話題性の強い告発型より、〝人間臭い土着性のある〟ヒューマン・ドキュメンタリーである。一人の人間の誠実で真摯な生き方のなかに、時代への強烈なメッセージを感じたからだ。

メディア環境は、快適さ、便利さ、スピード感が重視され、ＳＮＳによって誰でも瞬時に簡単に情報発信ができる時代になった。特に若い世代はアプリでニュースを見る人が多く、誇張された見出しだけですべてが分かった気分になり、歪められた情報があっという間に拡散されてしまうという恐ろしい事態が生じている。私はテレビであれ新聞であれ、地域メディア本来の役割は、「視聴者や読者が自分の頭で考え、行動を起こすきっかけづくりになること、そして、場合によっては解決に向け共に行動を起こすことに意味がある」と考えている。言うならば、暮らしやすい地域づくりのプロデューサーであり、社会における「知的インフラ」を支える存在でもあるからだ。

「Ｙ・Ｔ・Ｔ」私が番組作りで今も重視している三文字だ。Yesterday（イエスタデイ）・

Today（トゥディ）・Tomorrow（トゥモロー）それぞれの頭文字である。特に最後の「T」は明るい明日への希望の灯である。これからどんな人間ドラマが始まり、どんな過程をたどってクライマックスを迎え、そこからどんな未来が広がるのか、その一連の流れをどう映像で組み立て、視聴者の心へ届けるのか。それが、私がこだわり続けている「わたし流のドキュメンタリー実践論」である。

目次

発刊に寄せて

元ＮＨＫ放送総局長・専務理事　河野　尚行

私が古川重樹さんの名前を知ったのは比較的新しく、「ギャラクシー賞」の審査員をしていた二〇〇九年、その年の報道活動部門の大賞に日本海テレビの「発見！人間力〜校庭芝生化キャンペーン」を選出した時からである。そして、その年の秋に韓国・仁川市で開かれた第九回「日・韓・中テレビ制作者フォーラム」に日本代表の四作品の一本として出品した。仁川大会のテーマは「都市と人間」。韓国でも子供たちのサッカー熱が盛んになった頃で、空き地の少ない都会での〝校庭の芝生化〟運動はきっと話題を呼ぶだろうと期待したからであった。が、実際はそれ以上で中国代表団からも高く評価された。

このフォーラムは三国のドラマやドキュメンタリー番組を鑑賞、議論する持ち回りのイベントで、日本側の主催は都内の紀尾井町に事務所を置く「放送人の会」であったが、第一九回の中国貴州省興義市での大会を最後に終了してしまった。

この大会以降、古川さんの名前をたびたび聞くことになり、大阪で毎年開かれる「地方の時代映像祭」の席上でお会いした時に、思い切って名作「クラウディアからの手紙」を見られないかとお願いした。この作品が「地方の時代映像祭」のグランプリ、ギャラクシー賞のテレビ部門の優秀賞など数々の栄誉を受けていることは知ってはいた。番組の放送当時、私はまだＮＨＫ放送部門の責任者で四六時中業務に追われ、この名作を見落としていた。

すぐに送られてきたＤＶＤを二回、ゆっくりと鑑賞、深く感動するがそれを文章にするほど野暮ではない。古川さん自身の文章で番組制作の動機と内容は十分言い尽くされている。

今年の夏、ＮＨＫＢＳで一九七〇年のイタリア映画の名作「ひまわり」が放映されると、すぐに古川さんから電話がかかって来た。「見ましたか」、「見ました」。会話は短いものだったが古川さんの言いたいことは充分わかった。第二次世界大戦終結後に帰還兵で混雑する駅のプラットホームの雑踏に夫の姿を探し、遠く戦場だったソビエト領（現在のウクライナ）まで出向き、咲き誇るひまわり畑の中に夫を求めるジョバンナ役のソフィア・ローレン。戦火に引き裂かれた夫婦の取り戻せない時間の長さ。この映画は、それをヘンリー・マンシーニの音楽と共に感動的に描いて見せた。それはドキュメンタリー「クラウディアからの手紙」を連想させるものがあった。しかし、男性がソビエトの戦線へ送られて行方不明となり、その後現地で新たな所帯を持ち、そのことを知らない妻が夫を待ち続けることは「クラウディアからの手紙」と一緒だが、「クラウディアからの手紙」では、それと同時に、終戦後ソ連軍にスパイ容疑で強制収容所へ送られていた日本人男性と知り合い、人生の大半を共に生き抜いたロシア人女性が描かれている。そして、日本で夫の生存を信じ五〇年間待ち続ける妻の存在を知った時に日本へ帰すことを決意する。その人間愛の奥深さに圧倒される。こちらの方が小説や映画のフィクションでもなければとても描けない世界だ。それほど鮮烈な人間賛歌のドキュメンタリーである。

古川さんと頻繁に連絡を取り合うようになったのは、二〇一九年「放送文化基金賞」として、中海テレビ放送会長の高橋孝之さんをケーブルテレビ業界から初めて表彰することになり、その表彰式に高橋さんとご一緒に古川さんが上京され、お会いしてからである。

日本海テレビを卒業された古川さんは第二の人生を鳥取県西部を放送エリアとする中海テレビ放送（ケーブルテレビ局）の番組指導者として出発されていて、その生き方に私が共鳴したからである。かく言う私も、放送現場に直接関与した三二年間のうち、その半分の一六年間を日本各地、九州から北海道に至る五つの放送局で地域番組制作に携わった。放送事業に関する数多くの業務を手掛けたが、若い頃を中心にしたこの一六年間が自分の放送人としての背骨を作ったのだと思っている。

古川さんはケーブルテレビ局の仕事に移っても、若者中堅どころを叱咤激励して優れた番組を次々と生み出している。米子市出身の世界的経済学者・宇沢弘文の心の成長期を扱った番組。そして、鳥取島根両県にまたがる汽水湖・中海の水質浄化を呼びかけ、一九年に及ぶ地域挙げてのキャンペーン活動をまとめた「中海再生への歩み～市民とメディアはどう関わったのか～」。この作品はケーブルテレビ業界として初のギャラクシー賞報道活動部門のグランプリに輝いた。高橋孝之さんとのコンビで手掛けたその制作過程を古川さんは克明に描いているが、それは地域社会の人々と共に生きる地域メディアの記録でもあり、受賞は地域への表彰でもある。

古川さんの番組制作の手法の一つは、地域社会の問題点を鋭く指摘するだけではない。問題を抱えた地域に芽生え始めた元気が出る芽を小さなうちから見出し、長期にわたって見守り続け励ますことだ。山の集落を舞台としたドキュメンタリー「鐘の音の響く里で」がその好例だ。最近私は中海テレビで働いている仕事熱心な何人かの顔を時々思い出す。そこで、古川重樹さんに勝手にお願いする。この人たちと共に第二の放送人生を最後まで燃焼させ、SNS機能も巧みに取り込み、世界に誇る地域住民のためのメディアをさらに発展構築してもらいたい。是非、約束してもらいたい。「国家は戦争は出来ても、文化はつくらない。文化を生み出し育てるのは地域社会を、コミュニティを楽しみ生きる人々である。それを励まし拡散するのがメディアの役割である」

発刊に寄せて

上智大学・教授／ＮＰＯ法人放送批評懇談会・理事長　音　好宏

本書の著者・古川重樹さんとのお付き合いは、気がつくとかれこれ三〇年近くになる。本書にも紹介があるように、最初の出会いは、「ＮＮＮドキュメント」の制作者をつなぐニューズレター「制作ニュース」の誌面上だった。「ＮＮＮドキュメント」は、日本テレビ系列の老舗ドキュメンタリー枠で、各局のドキュメンタリストが、この番組枠をめがけて、腕を振るってドキュメンタリー作品を出してくる。「ＮＮＮドキュメント」のプロデューサーである日本テレビの菊池浩佑さんが、その強者ディレクターたちの意見交換の場として編集していたのが「制作ニュース」だった。「ＮＮＮドキュメント」で放送された作品に、他局のディレクターが感想を寄せることで切磋琢磨するわけだが、一九九〇年代の一時期、私はその誌面の片隅の一コーナーを任されていた。毎週、日曜深夜にオンエアされる「ＮＮＮドキュメント」を見て、その一つ一つの作品の感想を書くというもの。

短くても数ヶ月、長ければ半年以上の時間を企画・制作にかけた作品を批評するわけだから、こちらも心して向き合う真剣勝負の場であった。菊池プロデューサーからは、「内容はお任せしますが、制作本数の少ない若いディレクターの作品は、ちょっとだけでいいから褒めてあげてね」ということだけだった。こちらもまだ三〇代の若造。たいへん勉強になる場であった。そんななかで、いつもしなやかなドキュメンタリー作品を投げてくるのが日本海テレビ放送の古川さんだった。本書でも紹介されている「クラウディアからの手紙」を初めて見たときは、圧倒された。「ＮＮＮドキュメント」の五〇年の歴史のなかでも、名作中の名作だ。

ギャラクシー賞は日本の放送界にあっては、それなりに知られたアワードである。このギャラクシー賞を運営するＮＰＯ法人放送批評懇談会の志賀信夫理事長から、ギャラクシー賞四〇年を記念して新しい賞を立ち上げるよう命じられた。二〇〇三年に、ギャラクシー賞の四番目の部門として創設したのが「報道活動部門」である。スクープやキャンペーン、調査報道など、番組枠を越えて取り組んだ報道活動を顕彰するというもの。この報道活動部門の二〇〇八年度の大賞が日本海テレビ放送の「利用者自身が植えて維持管理『鳥取方式』による校庭芝生化普及キャンペーン」だった。この仕掛け人は、本書にある通り古川さんだった。リーズナブルな芝生整備の方策を促すこのキャンペーンは、地域の課題解決に向き合う放送ジャーナリズムの活動であった。

加えてである。古川さんは、日本海テレビを卒業後、鳥取県西部をサービスエリアとするケーブルテレビ・中海テレビで顧問を務められるのだが、中海テレビは開局以来、地域のニュースに力を入れるケーブルテレビとして全国的にも有名だ。この中海テレビには私も開局時から定期的に伺っており、それなりに局内の雰囲気も存じ上げていた。まさに、古川さんにぴったりの職場だと思った。その中海テレビは、この地域を象徴する連結汽水湖である中海の環境再生に取り組むが、そのキャンペーンをアドバイスしたのが古川さんだった。この活動は、二〇一九年度のギャラクシー賞報道活動部門の大賞など、多くのテレビ賞を受賞することになる。

振り返ると、古川さんに私は節目節目でお目にかかってきたことがわかる。今回、そのテレビ人としてのお仕事を振り返る本をまとめられたわけだが、紹介される一作品一作品に、そのお人柄を感じた。そのことからしても、そのお仕事を一冊にまとめられた意義は大きい。

生い立ち（ドキュメンタリー制作前まで）

奥大山山麓の鳥取県日野郡江府町で一九四八年に生まれた。父親は鳥取県職員で母親と弟の四人家族、小さな田んぼと畑があって母親がほとんど一人でやっていた。終戦から間もなく、衣・食・住の全てに貧しい時代だった。ただ、同世代の子どもはやたらに多く、教室はぎゅうぎゅう詰めで遊ぶのに不自由はなかった。今はひっきりなしに車が通る自宅前の道路はかっこうの遊び場だった。行き交う車はほとんどなく、時折荷馬車が通るだけだったからだ。テレビや電話もなく外の世界を知る手立ては新聞とラジオである。

地元の江府中学校を卒業して米子市内にある県立米子東高校へ通うようになり、国鉄伯備線の江尾駅から米子駅まで約五〇分、当時は蒸気機関車で通学した。高校生活がスタートして、とんでもない競争社会へ飛び込んだことを実感させられた。周りの級友は授業が終わるとそのまま学習塾へ向かっていた。米子市内の級友は「中学校時代から塾に通うのは当たり前」と話した。団塊と呼ばれる私たち世代の人口は異常に多く、しかも大学進学率が急増していたこともあって、かつてない受験競争時代を迎えていた。優勝劣敗、弱肉強食の〝競争時代〟の真っただ中に立たされていた。

　私が暮らす山間地では農業にしても林業にしても日々の生活においても、食べ物を分け合ったりお互いが助け合い協力し合う〝競争より共生〟の社会だったからだ。大学受験のための点数だけにこだわる高校生活に漠然とした違和感を抱き、しかも目指す将来像が見いだせないことも重なって印象に残る思い出は少ない。ただ、「もっと広い世界を覗いてみたい……」その思いは強く、法政大学へ進学した。私には、ここで過ごした友との四年間がかけがえのない財産となっている。目にする大都会の全てが魅力的で刺激的だった。入学して三か月後に、級友の誘いで「旅行研究会」というサークルに入部した。〝全国へ旅してみたい〟そんな好奇心からだった。部員数は六〇名余りだが、私はここで先輩後輩の垣根を超えた多くの友に恵まれた。点数だけが評価の対象となる受験競争から開放され、人との付き合い方とか友情とか人との絆の大切さを学んだ。その上で、サークル運営に当たってさまざまなことを体験できた。向こう一年間のプラン作り、他大学との合同イベントの開催など、目的を遂行するのに何が必要なのか組織と運営の在り方を教わった。必要なのは「個人力」より「チーム力」にあることを学んだ。当時のサークル仲間は全国へ散らばっているが半世紀を過ぎた今も、年に一度は世代を超えた三〇人余りの会員が大学に集まって懐かしい時代を語り合っている。コロナの影響でこの数年開催されていないのが残念だが、私には気心の知れたかつての仲間との異文化交流が、制作意欲を掻き立てる心のばねになっている。

さて、三年生になって就職先は大手旅行会社を考えていたが、とてもお世話になったサークルの先輩が九州地方にある民間放送へ入社されたことを知って状況が一変した。長男なので故郷へ帰らなくてはとの思いもあって、「地元の放送局も面白いかも……」そんな単純な理由だった。実は後になって、母親は鳥取県庁への受験を強く希望していたと聞いた。ただ当時は高度経済成長まっしぐらの時代で、公務員の人気は低かった。

一九七一年四月、鳥取市に本社がある日本海テレビジョン放送㈱へ入社した。他にどこも受験していなかったので、落ちていたら就職先がなかった。入社同期は五人いた。法政大学二人、中央大学二人で関東の大学が多かった。前年は一人だけの採用だったので私は運に恵まれたのだ。配属されたのは報道部で特に希望したわけではない。振り返ってみるに、当時は具体的な目標もなくきわめていい加減な新入社員だった。入社二年目に米子支社へ転勤になった。地元だからという理由だけである。報道部員は私一人で、鳥取県西部地域（米子、境港市など一四市町村）を任された。そうはいっても裁判や選挙も取材したことがなく、原稿も書いたことがなかった。新聞、テレビの他社の知人から用語の使い方まで教えてもらう日々だった。そんな情けない状況はしばらく続き、翌日の新聞を見るのが怖かった。「抜かれた記事が掲載されていないか……」そんなことばかりが気になっていた。休みの日もエリア内の警察署へは事件事故が発生していないか、朝夕に確認の電話を入れていた。実家に里帰りしても、たびたびかける警戒電話に、「休みの時ぐらい……」と母親が心配するほどだった。その母親は大山山麓の江府町内の集落の農家の次女だった。若いころに和裁を学び、結婚して江府町江尾に住むようになってからは、呉服店から頼まれた着物を仕立てていた。昼は田んぼや畑仕事をしながら、夜は遅くまで縫物をしている姿が目に焼き付いている。私と弟を〝どうしても大学へ行かせたい〟それが母の強い思いだった。その一方で、俳句に興味を持ち、新聞に投稿したり句会へ出かけるのをとても楽しみにしていた。「俳句は一人で出来るから……」そう言いながら、外出するときはいつもペンとメモ帳を持ち、気になったことを書き残していた。「五・七・五」の一七文字に込められた〝小さな物語〟そこに自分なりの世界観を表現していたようだ。

話を元に戻そう。私には挫折感や焦燥感に襲われる辛い時代だったが、「いつかは他社を見返してやりたい……」その気持ちは失わなかった。七～八年経ったころ新聞、テレビの各社が日本海テレビのニュース報道を気にするようになった。全国的な関心を呼んだ旧国鉄改革での労使間のヤミ協定、さらに衆議院選挙での地元県議会議員による大掛かりな買収事件では面白いように特ダネが相次ぎ、夕方のNNN全国ニュースのトップ項目で放送されたりして、NNNから多くの賞をいただいた。当局側の発表前にすっぱ抜くことに快感を覚えるようになった。年月はかかったが、やっと一人前の報道記者になったと感じた。スクープの原因は「情報源」にあった。私が年数をかけて築き上げた人脈、人との信頼関係の強さから生まれたもので結果をすぐには求めなかった。「功を急がず」「時代を読み取る力」を失わず、決して裏切らないことを心掛けた。それは、たまたま出くわした一過性の特ダネではなく、タイムリーで独自性のあるニュースをいち早く、しかも連発することによって社会や国を動かすきっかけになることが、ジャーナリストとしての意義であり存在価値と考えていたからだ。メディアの存在感、使命感をやっと体感することが出来たのだ。それにしてもここまで長い年数がかかった。

一九八四年の夏、当時の尾崎報道部長から声がかかり鳥取本社へ異動になった。当時、花形と言われた鳥取県政記者クラブを担当することになった。新聞、テレビの一〇数社が加盟しているが三〇歳代半ばの県政記者は珍しく、大先輩ばかりだった。鳥取県庁内にある県政記者室を拠点に県政全般にわたって取材する日々で、外に出て自由に取材する機会がなくなってしまった。もやもやとした気持ちの中で、尾崎部長が私を本社へ呼び寄せた理由を改めて考えてみた。実は、前任の県政記者だった先輩の福本俊氏が、これまで我が社のドキュメンタリー制作を担っていた。その中で、鳥取県三朝町の奥深い山の分校を八年間にわたって取材を続けた「てっぽんかっぽん（フキノトウのこと）シリーズ」が芸術祭や地方の時代映像祭などで賞を受賞し、全国的な話題になったことがあった。長い年月による「映像の力」をいかんなく発揮した名作だった。直接には何も言われたことはなかったが私の異動の理由は、〝ドキュメンタリーにチャレンジしろ〟のメッセージだったと気づいた。

でも、重荷だった。報道しか経験がなく番組制作とは無縁の世界を歩んできたからだ。しかし時がたつにつれ、「頼りにしてくれる尾崎さんの気持ちに応えたい……」そんな個人的気持ちが次第に強くなった。しかも、ＮＮＮドキュメント会議に出席するようになって「ドキュメンタリー」の八文字が頭から離れなくなっていった。それから間もなくして、私は全く未知のドキュメンタリーの世界へ飛び込むことになったのだ。

これから紹介する一〇本の作品は、私が制作に関わった三〇本以上の中から勝手に選んだものだ。テーマは多岐にわたっている。でも一本一本に人間ドラマがあり思い出深い作品である。「人生の価値とは、美しさとは……」、「自らの感動をどう表現し、伝えればよいのか……」そして、「時代をどう切り取ればよいのか……」そんなさまざまな思いが交錯する中で生まれた〝人間賛歌〟の作品である。

1

NNNドキュメント'86

生命の絆 ～腎臓移植の明日～

放送：1986年６月８日

私がドキュメンタリーとかかわりを持つきっかけとなったのは一九八四年秋のことである。ＪＲ鳥取駅で行われていた、腎友会の人たちによる腎バンク登録の街頭キャンペーンを取材したときだった。当日の日曜日の夕方ニュースで紹介したが、五〇秒枠の中で単なるビラ配りだけの映像だった。「これで腎友会の人たちの訴えが視聴者に分かるのだろうか……」消化不良の思いが残った。三〜四日して鳥取市にある県立中央病院の吉野保之医師を訪ねた。当時、山陰地方の病院で唯一腎臓移植手術を手掛けている医師だったからだ。「腎バンク登録キャンペーンをニュースで放送したが、その意味をもっと分かりやすく映像で伝えたい」私の突然の申し出にもかかわらず吉野医師は快く応じ、病院内にある人工透析室へ案内してくれた。そこで私は「腎不全の人たちは一週間に三回、一日四〜五時間の人工透析を受けなければならない」こと、さらに、「多くの透析患者が腎臓移植を待ち望みながら肉親からの臓器提供がない限り、その機会は絶望的である」ことを知った（当時の腎臓移植は一つしかない心臓や肝臓とは異なって、肉親が二つある腎臓の一つを患者へ移植する生体腎移植が一般的だった）。

そこで、吉野医師から八歳になる一人の少女を紹介された。院内にある養護学校の三年生で、ベッドの上で一人授業を受けていた。「こんな可愛い子どもまでが……」何ともやるせない気持ちだった。両親の腎臓が適合しなかった少女は、このままでは一生透析を続けながら生きるしかなかった。その後、病院内での透析患者の日々や臓器移植が抱えている課題などを取材し、腎友会の人たちが腎バンク登録を呼びかけなくては移植を受ける機会がほとんどない厳しい現実を、七〜八分の特集枠で放送することができた。ニュースを見てくれた腎友会の人たちからのお礼の電話が相次ぎ、とても嬉しかった。

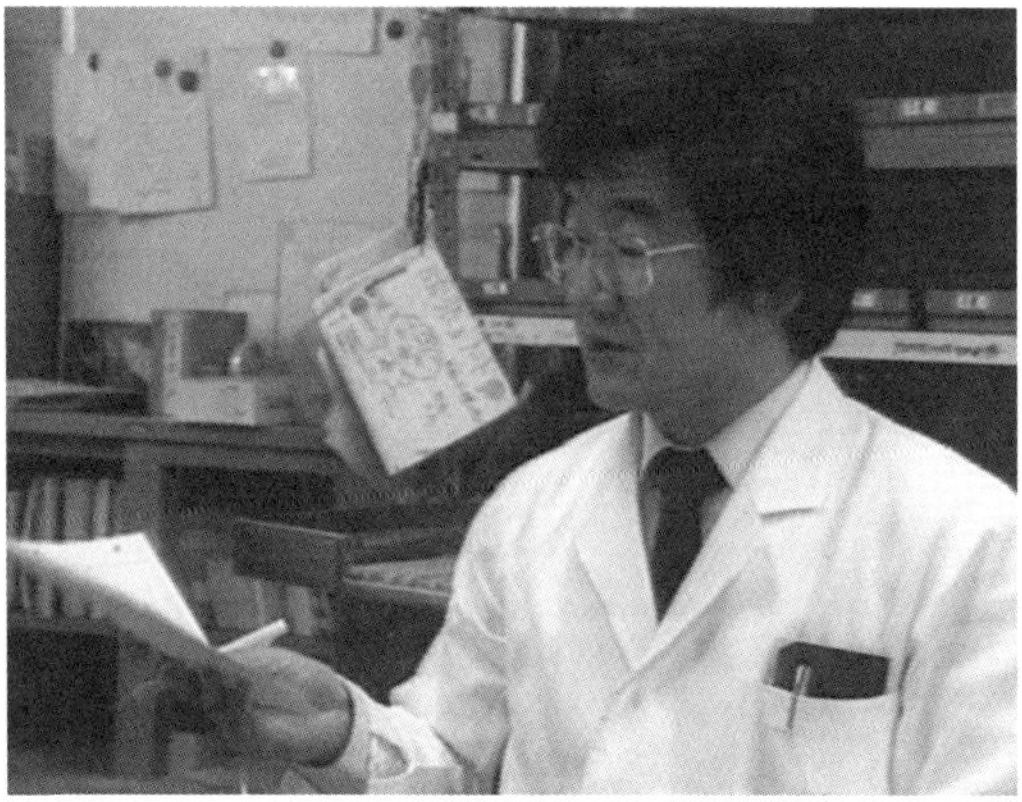

吉野保之医師・鳥取県立中央病院

それからしばらく経った日のことだった。取材のお礼でたまたま病院を訪ねた私に吉野医師はこう打ち明けた。それは、肉親以外の提供者による生体腎移植についてだった。レシピエントはあの八歳の少女、ドナーは少女とは縁もゆかりもない五〇歳代の婦人だった。事前の検査で移植が可能と分かったのだ。親子とか兄弟姉妹といった肉親からの移植があたりまえとされている中で、全くの他人からの生体腎移植は聞いたことがなかった。医学に素人の私にも「これは異例の移植手術だ」と感じた。

社会への問いかけ

欧米では亡くなった人からの死体腎移植が当たり前になっているのに「なぜ、日本では死体腎の提供者が少ないのか」「なぜ、肉親からの生体腎に頼らなければならないのか」、それは「日本人の宗教観なのか、あるいは死生観からくるものなのか」。臓器移植を取り巻く現状を知るにつれ、「この生体腎移植をドキュメンタリーにして社会に問いかけてみたい」そんな思いが込みあげ、吉野医師から取材の了解を取り付けた。しかし、ことは簡単には進まなかった。肝心の腎臓を提供する婦人は、私どもの取材の申し出に頑として応じなかった。「善意ですることを公にする気持ちはない」と、全く相手にされなかった。実はこの婦人の夫は長い期間腎臓を患って数年前に亡くなっていた。夫に腎臓をやれなかったことをずっと悔やんでいたのだ。「同じ苦しみを持っている人たちに役立ててもらいたい。腎臓は一つあれば生きられるから……」それが提供を申し出た動機だった。それを知った私はどうしても婦人の協力を得たいと思い、それ以降、鳥取市から遠く離れた婦人のもとへ何度も通い続け、必死で説得にあたった。しつこさに婦人もついに折れ、「顔と名前は公にしない」という条件付きで取材に協力してくれることになった。

第三者からの臓器提供による異例の生体腎移植手術が行われたのは、取材を始めて二か月後の一九八四年一一月一四日、とても寒い朝だった。午前一〇時、手術は婦人の腎臓一つを取り出すことから始まった。続いて少女が手術室へ入った。異例の移植手術は六時間に及んだ。この情報は日本海テレビ以外どのメディアも全く知らなかった。スクープだった。それから数日後のことである。少女の両親が提供者の婦人の病棟を訪ねた。「お会いして直接お礼が言いたい……」両親の強い気持ちからだった。ベッドから起き上がった婦人に深々と頭を下げてお礼を述べる少女の母親は、涙をこらえ切れなくなって婦人の懐へ飛び込んだのだ。二人はしばらく抱き合って涙した。「どうか大切に、大切に育ててあげて下さい……」短い婦人の言葉だった。この感動的なシーンを撮影した金田達実カメラマンは「婦人の顔を写さないようにするのにとても苦労した。こんな撮影は初めてだ」

拒絶反応と医の倫理

しかし、その頃から少女は三八度以上の高熱に見舞われた。臓器移植で一番心配していた拒絶反応である。私たちは取材以外にも、仕事が終わった夜にはたびたび病院を訪れていた。カメラは持って行ったが、写せなかった。病棟で目にするのは吉野医師の疲れ切った苦悩の表情だった。「わからん……」寡黙な医師のしぼりだすような声を何度聞いたことか。厄介な拒絶反応との戦いに一進一退の重苦しい日々が続く。そんな中でも、私たちのカメラ取材に吉野医師は何も言わなかった。「もうやめてほしい」と言われても仕方ないと思っていた。私と金田カメラマンは密かに、この移植手術がもし上手くいかなかったら「番組は中止しよう……」と話し合っていたのだ。その思いを伝えた当時の上司、尾﨑良一プロデューサーはこう述べた。「古川よ、この作品は移植手術が成功することに意味があるのだ」心に響く重い一言だった。

しかし、「善意からとはいえ、こんな手術はすべきではない」「もしもの時はどう責任をとるのか……」医師達のそんな声を耳にした。この問いかけに吉野医師は毅然と応えた。「そもそも生体腎移植そのものがおかしい。親だから子どもにやるのは当然だと世間が思っているのもおかしい。それは一種の犠牲だからね。僕はこの人（提供した婦人）の純粋な気持ちを生かしてあげたいと思ったからだ。そうでないと少女は一生病院から離れられなくなる。人工透析は本当の治療ではないからね……」

それは取材する私たちに突きつけられた言葉でもあった。何が最善の道なのか、立場によって議論が分かれようが提供者の強い意思を汲み、八歳の少女にとって残された唯一のチャンスを生かそうとする主治医の医療行為を、一般的倫理観だけで責めることが出来るのだろうか。その倫理的価値判断は重くのしかかった。手術を避ける無難な道を選ばなかったことで、〝医の倫理〟という問題に一石を投じることになったのだ。

臓器移植の現状は……

その頃、大阪で起きた外国人（東南アジア）による生体腎の売買問題が直接的なきっかけとなって、日本移植学会は急きょ声明文を出した。「第三者からの生体腎移植は、いかなる事情があろうとも現状においては慎むべきと考える」それは、鳥取県立中央病院での生体腎移植についても視野に入れての内容だった。この声明文は生きている人からの腎臓に

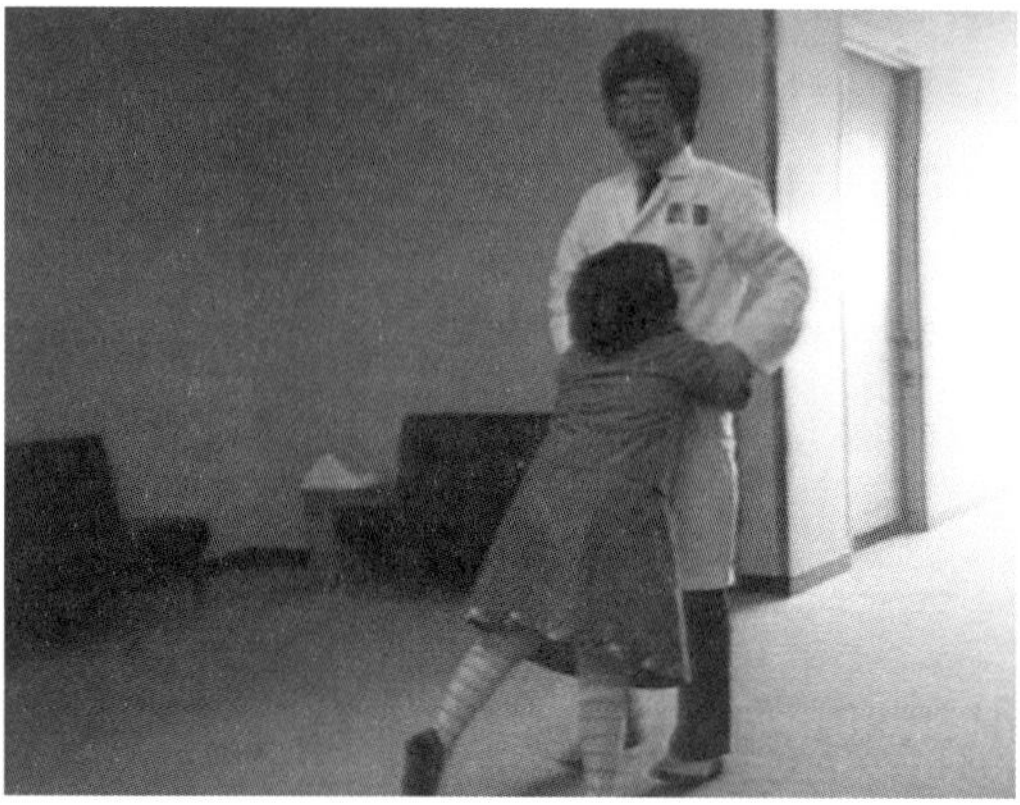

8歳の少女と吉野医師

頼るしかない日本の臓器移植の現状を浮き彫りにしていた。

当時、心臓や肝臓移植が受けられない日本人が脳死の人からの移植手術が活発に行われている米国などへ渡るケースが相次いだこともあって、日本の臓器移植の在り方を考える〝脳死論議〟が活発化するようになった。厚生省の〝脳死に関する研究班〟が新しい脳死判定基準を発表するなど、臓器移植を取り巻く環境が大きく変化したのは、それからしばらくしてからのことだった。その後一九九七年に臓器移植法が成立し、心臓停止後に加え脳死からの臓器提供が出来るようになり、日本でも脳死者からの臓器提供が行われるようになった。

その年を越し、正月の三が日を過ぎたころから少女の容態が落ち着くようになった。拒絶反応を乗り越えたのだ。移植手術から四か月後に退院し、心待ちにしていた地元の小学校へ通い始めた。一方、腎臓を提供した婦人は手術後も容態に変わりはなく、吉野医師へ「少女の成長が私の楽しみです」と伝え、一足早く退院して自宅へ帰っていた。

デイリーニュースでの消化不良の気持ちから取材を始めたものだが、この一連の過程をカメラで追ったドキュメンタリー「生命の絆 ～腎臓移植の明日～」を日本テレビ系列局のNNNドキュメント'86で全国放送したのは、取材開始から一年九か月後の一九八六年六月八日だった。

ドキュメンタリーの影響力とは……

放送後は特に医療関係者からの反響が大きかった。が、何よりも嬉しかったのは腎友会の人から「腎バンク登録者が増えました」と連絡があった時だった。私たち制作スタッフも、取材に入った段階で腎バンク登録を済ませていた。また、ある地方大学の医学部のゼミではこの作品をテーマに臓器移植の論議が交わされたと聞いた。〝医の倫理〟は永遠のテーマなのだ。そんな中で心躍らすことがあった。全国的にも著名な放送評論家で元放送批評懇談会理事長の志賀信夫さん（故）が、自身が出版している一九八七年度「年間テレビベスト作品」で紹介する五本（NHK、テレビ西日本など）の作品の一本に、この作品を取り上げてくれたのだ。本の中で志賀さんは次のように論評していた。「NNNドキュメントで視聴しているうちにしだいに惹きつけられ、かねてから興味を抱いていた医学と倫理の問題を考えるようになり、つい寝付かれなくなってしまった。地方局ならではの力作であり、世界共通の医学と倫理の問題に一矢を放った点を高く評価したい」さらに、全国紙でもこの作品を紹介してくれた志賀さんの高い評価が励みとなり、私と金田達実カメラマンとのコンビによるドキュメンタリー制作が本格的にスタートしたのだった。当時、私は報道部の鳥取県政担当記者、金田カメラマンは鳥取県警司法担当記者だった。デイリーニュースの合間を見ながらの窮屈な取材だったが、何故かわくわくするような思いの方が強かった。

振り返ってみるにその理由の一つは、長い期間の取材を通して一人一人の人生と向き合うことで実践的な「学びの場」になっていたことだ。「何故……」「どうして……」心の中で芽生えた小さな疑問が、やがて、「そうなのか……」「凄い……」といった風に解き明かされる瞬間がやってくる。その〝ときめき〟こそが私のドキュメンタリー制作の原点だった。

放送から三五年、昨年（二〇二一）春のことだった。鳥取県立中央病院で甲状腺の検診を受けた私は、診察室で五〇歳代の外科医とテレビ番組のことでしばし話が弾んだ。そこで、「ずいぶん昔のことだが、私はこの病院で腎臓移植のドキュメンタリーを制作したことがある」と話した。外科医はその言葉に驚いたような表情で、「高校二年生の時、深夜に偶然テレビで見た〈生命の絆〉という作品がきっかけで私は医師を志すようになった。その番組制作者がまさか目の前におられるとは……」。思いもしない言葉に込みあげるものがあった。一本のドキュメンタリーがたまたま作品を見た一人の高校生の心を動かし、その人の人生をも左右する影響力があったことを、三〇数年の歳月を経て知ったのだ。もしかしたら、それがメディアの果たす役割であり存在意義ではないだろうか。時代の変化の流れの中で臓器移植を取り巻く状況は大きく変わった。が、今も変わらぬものがある。それは人と人との繋がりである。現在も交流が続いている吉野保之医師は、一九九六年にＪＲ鳥取駅近くで透析患者を主とした医院を開設された。患者の気持ちを大切にした〝患者本位の治療〟その姿勢は今も変わっていない。

「月刊民放（日本民間放送連盟）二〇〇〇年七月号掲載　一部加筆」

受賞歴：日本民間放送連盟賞中四国地区審査会テレビ教養優秀賞

引用　志賀信夫選（一九八七年度「年間テレビベスト作品」源流社）

制作スタッフ

ナレーター　岡部政明　浜島信子
撮　影　金田達実
現場録音　福田仁志
編　集　長尾　昌（NTV）

音　効　高田暢也
ディレクター　古川重樹
プロデューサー　尾﨑良一
制作・著作　日本海テレビ放送

2

NNNドキュメント'89

老いて……今
～みずほの里からのメッセージ～

放送：1989年９月17日

山陰地方で急速に進む過疎化と高齢化は、我々メディアに投げかけられた大きなテーマの一つだった。出張先の東京から帰る機内で、たまたま目にしたある全国紙の記事が妙に気になった。「中国山地の過疎の町で、町ぐるみのボランティア活動」そんな見出しだった。広島県との県境にある島根県瑞穂町（現・邑南町）、当時この地域は全国で最も過疎化と高齢化が進んでいて、人口の高齢化率は三〇％になろうとしていた。特に高齢の独り暮らしが多く、一、八〇〇世帯のうち一八〇世帯が独居だった。

「もしかしたら、三〇年後の日本の農村の姿が描けるかもしれない……」そんな思いで、この町を初めて訪れたのは一九八九年（平成元）三月のことだった。鳥取市の日本海テレビからおよそ三〇〇キロ、金田達実カメラマンと高速道路を交代で車を運転し三時間半かかった。ここで、私たちが初めて出会ったのが瑞穂町社会福祉協議会事務員の日高政恵さん（当時五二歳）である。笑顔を絶やさず、一つ一つの言葉をゆっくりと噛みしめるように話をされるのは、日ごろからお年寄りと接する機会が多いことを感じさせた。タイミングを見計らって、取材の申し出をしたところ厳しい言葉が跳ね返ってきた。「中国山地の奥深い私たちの町や村では、お年寄りの自殺が多いとか寺が消えるといったテーマの作品が相次いで放送され、みんなが落ち込み希望を失っている。気持ちが落ち込むような暗い番組はもう見たくありません」。実は私もこれらの作品を見ていた。農村での今日的課題を鋭く指摘した優れた作品で、確か番組コンクールでも賞をとった作品だった。しかし、それが地元の人達にとっては辛く、悲しくなるような作品だったのだ。「社会的課題を浮き彫りにすることによって、〝社会へ問いたい〟と考える制作者側の立場と、過疎化・高齢化が進みながらも住み慣れた古里で懸命に暮らしている住民たちとの意識のギャップを痛感させられた。私が、「同じ放送エリアで暮らす一人として、ため息の出るような番組は作りません……」と答えると日高さんの表情が和らいだ。

町ぐるみのボランティア活動へ

日高さんが力を入れていたのが町民主体による「ボランティア活動」だった。それは住民への意識調査によって、〝地域の福祉力〟を高めることが何よりも必要だと考えたからだ。そのために重視したのが自発性・無償性・継続性の三原則である。

当時、この町では手話、点訳、調理、配達など多くのボランティアグループが生まれ、人口五、六〇〇〇人の町でボランティア登録者は一、〇〇〇人に上ると言われていた。

このうち「給食ボランティア活動」は町内で増え続ける独り暮らしの高齢者を対象としたもので、栄養が偏りがちな健康状態を考えてのことだった。

弁当を作る人、その弁当を自宅まで届ける人、いずれもボランティアの町民である。この夕食弁当（一食二五〇円）は週二回、一回あたり八〇人分作られていた。弁当作りにあたる調理ボランティアの婦人たちは当番制で、毎回六〜七人が交代で調理に当たっていた。

調理ボランティアの女性たち

ここの取材で驚いたことがあった。この弁当には、毎回一枚のメッセージが弁当に添えられていた。「お元気ですか。風邪などひかれていませんか。今日の弁当には風邪の特効薬〝きんかん〟を入れてみました。……」調理をした女性たちから〝折々の心〟が添えられているのだ。弁当を配達する人は受け取るお年寄りと接して話し合う機会があるのに、自分たちは顔を見ることも出来ない。だから〝せめて心を届けたい〟、それが調理に当たる婦人達の気持ちだった。そして、こう付け加えた。「私たちの後ろ姿を子どもたちに見せたい……」と。「この弁当の日だけワインを飲みます」と嬉しそうに話す老女は、弁当に添えられたメッセージを大切に保存されていた。雪の日や雨の日など心寂しい時に読み返しているそうである。「弁当を届けに来たボランティアの人たちと話をするのが楽しみです」と話す八〇歳代の男性はテレビ中心の生活だった。独り暮らしの多くの高齢者は人との会話に飢え、〝心の過疎〟に耐えていた。町はずれに住む九〇歳の老女は子どもに恵まれず一五年前から独り暮らしで、年金だけの慎ましい生活である。新聞は毎日必ず読んでいると話す老女に、「今、一番欲しいものは何ですか？」私の何気ない問いに消え入るような声でこうつぶやいた。「品物も何も欲しいものはありません。人さまの優しい言葉が一番うれしゅうあります……」〝暮らしの豊かさ〟とはいったい何なのだろうか。これが、当時世界一の長寿国ニッポンの姿だった。

共同生活体験グループとは……

この作品で軸になったのが、独居のお年寄り七人（男性三人、女性四人）による共同生活体験グループである。高齢者の意識調査で、同じ境遇の人同士のつながりが余りにも薄いことを知った日高さんが、ボランティア活動にも熱心だった福原武さん（当時七二歳）に呼び掛け実現した。それが一泊二日の共同生活体験だった。

一九八九年四月、山桜が満開のこの日、おじいさん三人、おばあさん四人、それに日高さんが集落から少し離れた山沿いにある福原さん宅に集まった。いつもは川のせせらぎの音しかしない福原宅だ。だが、この日は夕食の料理に腕をふるうおばあさんたちの声が響き渡った。六人家族でにぎやかだっただんらん風景が四〇年ぶり

共同生活グループの人たち

によみがえった。

夕食会はお酒も入って少しエッチな会話も飛び交い、時がたつのを忘れてしまうほどだった。「昔の家庭に戻ったような気がする……」「同じ境遇の者同士で助け合っていければ……」そんな声が飛び交った。夜も一一時を過ぎ、取材を終えて宿に帰ろうとした私たち二人は突然、お年寄りたちから強い声で叱られた。「どうして帰るのか、あなたたちもメンバーなのだ」返す言葉がなかった。でも、うれしかった。独り暮らしのお年寄りには久しぶりに〝寝息を聞く夜〟だったに違いない。「いい会合じゃったのう……」布団の向こうから聞こえたお年寄りのつぶやきをマイクはすくい取った。

これがきっかけで、七人の共同生活グループは自然に集うようになった。それぞれの畑で大豆の種を植えて育て、それを収穫してみんなで豆腐つくりを楽しんだり、車で一緒に買い物へ出かけたり、夜には電話を掛け合うなどグループの絆が強まり助け合うようになった。老いは必然的に誰かへの依存を生む。家族に代わるよりどころを求める思いは、独り暮らしの人ほど強いのだ。「人が減る過疎より、もっと怖い〝心の過疎〟」私たちが取材で学んだ〝みずほの里の姿〟だった。

地域と共に歩む……

この作品の主人公である日高政恵さんは、当時瑞穂町社会福祉協議会の一人の事務員だった。地域のお年寄りや障がいを持つ人たちと接するようになって、地域の福祉力を高めるには思いやりや優しさといった〝福祉の心〟を育てることが大切だと考えるようになっていた。それには、当事者の気持ちになることが必要だと考え、休日を利用して隣町の専門学校へ通って「手話」や「点字」をマスターされた。そして、自ら育てた手話ボランティアの人たちと町内の小学校へ出かけて手話教室を開いたり、自宅に目の不自由な人を招いて子どもたちに点字を教えていた。また、東京の福祉関係大学の「夏期講座」や「通信教育」を通して、社会福祉や福祉教育の在り方について大学教授との人脈を広げていた。

在宅福祉への取り組みが手探りの時代でもあった中で、町民ボランティアと福祉教育を中心にした独自の地域福祉活動の展開が全国から注目されるようになったのだ。

日本海テレビへの小旅行

このドキュメンタリー「老いて…今～みずほの里からのメッセージ～」は、一九八九年九月一七日にNNNドキュメントで全国放送した。その年の秋だった。共同生活グループのお年寄り七人が、「鳥取市の日本海テレビへ見学に行こう」と、日高さんのご主人が運転する小型のマイクロバスでやって来られた。「鳥取市から約三〇〇㎞、車で三時間半かけてやってくる道のりを自分たちも車で走ってみたい」そして、「私たちがどんな職場で仕事をしているのか、生きているうちに是非見ておきたい」というのが理由だった。当日は、夕方ニュースを担当していた女性キャスターが、休日にも関わらず案内役を買って出てくれた。一番興味を持っていたニューススタジオでは、キャスター席に代わるがわる座って、お年寄りたちから人気の高かったその女性キャスターと並んで嬉しそうに何枚も写真を撮っていた。みんなその写真をとても大切にされ、隣近所の人たちに見せて自慢していたそうだ。

その日は、鳥取県中部の三朝温泉の公共の宿へ泊まられた。実は、このことで日高さんとこんなやりとりがあった。事前に宿の手配を頼まれたため日高さん夫妻用、おじいさん用、おばあさん用の三部屋確保した。それを電話で日高さんへ伝えたところこう言われた。「部屋は大広間でいいですから一つにして下さい、皆で寝息を聞くのもいいじゃないですか……」私には返す言葉がなかった。この作品は、翌年一九九〇年六月一九日に広島市で開催された「第五回中国地方テレビ映像祭（ＮＨＫと民放の一七局）」で最優秀賞を受賞し、五日後の二四日（日）午前一〇時からＮＨＫ総合テレビ（中国地方エリア）が全編放送してくれた。初めてのケースだけに社内が沸いた。放送終了後には、みずほのお年寄りから電話が相次いだ。喜んでくれるその声がとても嬉しかった。

金田達実カメラマンと私と二人だけのみずほ取材はその後も続いた。みずほの里シリーズとして、一九九〇年に「みずほの里の隣人たち」さらに、一九九二年には「たそがれの風景～みずほの里に生きる～」の三作品をＮＮＮドキュメントで全国放送した。三年余りの取材で、私たちはみずほの里の独り暮らしのお年寄りの〝生と死〟をみつめることとなった。

その後の日高政恵さん

日高政恵さん

今も夫婦二人暮らしの生活で八五歳になられた日高政恵さんは、自身が支援を受ける立場になっているにもかかわらず、地区の町内会のお年寄りたち二〇名位の会員で「もみじの会」を立ち上げ、毎月、定期的に「認知症予防教室」を開催されている。会の運営はグループごとの当番制で行われ、毎回何人かが会員の前で一五分程度の近況報告を行っている。年齢が八〇、九〇歳を過ぎても、「考える力を養い、人前でも堂々としゃべれる力を身に付けよう……」というのが日高さんの狙いだった。会が発足して一〇数年になり、今では多くのお年寄りが、人前でも臆することなく思いを伝えることが出来るようになったそうである。さらに、かって手話ボランティアに出かけていた瑞穂中学校では月に二回、特別支援学級の子どもたちにお茶のお点前の指導をされている。これはお茶の作法を通して、「子どもたちに集中力とか礼儀とか人との接し方などを学んでもらいたい」というのが目的で、授業の一環として行われている。続けていくうちに、落ち着きのなかった子どもたちに変化がみられるようになった。最近では学校の先生も姿を見せるようになった、と聞いた。年を経ても地域の人たちとの交流を何よりも楽しみにされているのだ。

この作品は、声高に何かを訴えているわけではない。お年寄りの日常的な暮らし、昔ながらの地域の営みをそのまま映像に記録したのにすぎない。多くの若者が町を離れるなかにあっても住民たちは知恵を出し、工夫し合い、自らが実践することによって地域コミュニティの輪を広げ、共に助け合う社会を築き上げていったのだ。

みずほの里の取材からもう三三年が過ぎた。振り返ってみるに、当時はみずほへ行くのがとても楽しみだった。それは取材を続けながら、「ボランティア」「福祉教育」「心のメッセージ」「共同生活体験」など、さまざまなキーワードを元に繰り広げられた手作りの在宅福祉活動の数々が、取材する私たち自身の〝老いへの学びの場〟でもあったからだ。

今や、取材した私と金田カメラマンが当時の「共同生活体験グループ」の人たちと同年齢になった。「日本は幸せな長寿国になったのだろうか……」

「月刊民放（日本民間放送連盟）二〇〇〇年七月号掲載　一部修正・加筆」

受賞歴：「地方の時代映像祭」審査委員会推賞
NNNドキュメント年間優秀賞
NNNドキュメント年間奨励賞
中国テレビ映像祭最優秀賞
日本民間放送連盟賞中四国地区審査会テレビ教養優秀賞

制作スタッフ

ナレーター　神田　紅　神保共子
撮　影　佐野浅夫
　　　　金田達実
編　集　長尾　昌

音　効　高田暢也　中根　彬
ディレクター　古川重樹
プロデューサー　尾﨑良一
制作・著作　日本海テレビ放送

3

NNNドキュメント'94

カモミールの風
～都会からやって来た女性たちの一年～

放送：1994年5月15日

カモミールというのはハーブの一種である。ヨーロッパで広く自生しているかわいらしい花で、一年草と多年草がある。「一年間、田舎に住んでハーブ栽培や農業を体験しませんか」中国山地山あいの島根県石見町（現・邑南町）のこの呼びかけは都会の若い女性たちの心をくすぐった。一九九二年のことである。六人の募集定員に応募者は全国から六九名、いずれも独身である。「便利さ、快適さ、豊かなモノの数々、そんな恵まれた環境を捨てて、女性たちはなぜ農村をめざすのか……」そんな素朴な疑問が頭をよぎった。

石見町はみずほの里（瑞穂町）の隣町である。実は三年余り取材を続けた「みずほの里シリーズ」のドキュメンタリー制作が一九九二年に終了した後、私と金田達実カメラマンはしばらく放心状態だった。みずほの里の人たちに会う機会がなくなって寂寥感に襲われていたのだ。そんな折、ある全国紙で目にしたのが、石見町が打ち出したハーブによる「香りの町おこし」の記事だった。みずほの里の取材当時、私たちは石見町にもよく出かけ多くの知人がいた。小さな新聞記事に心が動いた。金田達実カメラマンと相談し、「都会からやって来た女性の姿を一年間追おう。そこから、新しい町づくりの姿が描けるかもしれない」と考えたからだ。

農村生活に夢を求めた女性たち

香りの町へやって来た女性たち

当時としてはユニークな農村体験事業だっただけに、小さな山あいの町にはテレビ、新聞、雑誌の各社が押し掛けた。町の選考会は難航したが決定したのは、愛知、大阪、京都、岡山、広島などから応募した六人で、年齢は二四歳から三〇歳だった。私たちは彼女たちの経歴から取材対象者を三人に絞り、愛知、大阪、岡山へ向かった。石見町へやってくる前の女性たちの日常の姿を取材するためだった。放送日の一年三か月前のことである。

愛知県内で保育士をしていた二六歳の女性は子どもやお年寄りと接するのが好きで、福祉にも興味を抱く行動的な人だった。石見町まで六〇〇キロの道のりを一人オートバイを運転し、二日がかりでやって来た。大阪府内の三〇歳の女性は会社勤めをしていたが、「都会の喧騒から逃れ、豊かな自然と人情豊かな田舎に移り住みたい」そんな強い思いを抱いていた。自然志向が強い利発な人だった。岡山県内の動物園で働いていた京都出身の二七歳の女性は、アフリカへ行って動物たちと暮らすのが夢だった。「田舎暮らしもいいのかなぁ〜」というのが応募の動機だった（一年後に石見町内の酪農家の男性と結婚する）。それぞれの女性たちに〝新しい夢と自分探し〟があった。

ハーブの里で……

町の中心部からすこし離れた山沿いに「香賓館」と名付けられたペンション風の宿泊施設が準備されていた。女性たちはここで共同生活をしながら、「香賓館」のすぐ前に造成された「香木の森」のハーブ園でラベンダーやカモミールといったハーブを育てたり、町内の農家へ出かけて農業体験をするのが日課だった。当時、彼女たちに支給されたのは一か月七万円。これで生活できるのか気になったが、この問いに女性たちはこう答えた。「米や野菜など農家の人からの差し入れが多く、食費はほとんどかからず困るようなことはなかった。みんなが助け合うこの町だからこそ暮らすことが出来たように思う」

若い独身女性が六人もやって来たことで町にある変化が生じた。それは、若い男性たちが活動的になってきたことだ。若者たちがさまざまな交流会を企画するようになり、「香木の森」周辺は若い人たちの姿が増えていった。農業が主体のこの町では、三〇～四〇歳代の独身男性が多かったのだ。近年、「田舎暮らし」の良さをアピールし、地方への移住を積極的に呼びかける自治体が全国的に増えているが、この町では、「香りの町づくり」をテーマにした定住化対策を三〇年も前から先取りしていたのだ。これには隣町の瑞穂町で展開されていた、多様なボランティア活動による「福祉の町づくり」が大きな刺激を与えていたのだ。

心閉ざす女性たち……

取材を始めて二～三か月過ぎたころだった。テレビや新聞に追い回されていることに女性たちが拒否反応を示すようになった。「そっとしておいて欲しい……」「取材されるために来たのではない……」明らかにマスコミを毛嫌いし心を閉ざすようになったのだ。どうしたらよいか分からなくなった。「もう取材をやめよう……」石見町から鳥取市へ帰る車の中で、金田カメラマンと幾度も交わした会話である。しかし、私は取材を中止するのが怖かった。どんな理由があれ手がけたドキュメンタリーを中止すれば「もう二度と作れなくなる」不安が強かった。もやもやした日々が続いた。女性たちの気持ちがほぐれてきたのは夏の盛りになってからで、取材を続けていたのは日本海テレビ一社だけだった。

この頃から、女性たちは自分なりのテーマを見つけ、自由時間を利用してそれぞれの道を歩むようになった。福祉施設に行ってお年寄りの世話をしたり、畜産農家に通って牛の面倒を見たり、ハーブのクラフトに打ち込んだりと、日々の生活を見つめながらこれからの生き方を真剣に考えるようになっていた。「香賓館」での共同生活も決して順風満帆ではなかったが、その都度みんなの話し合いによって乗り越えていた。

秋に入って、地元の青年たちと女性たちがマイクロバスで鳥取市にやって来た。私と金田カメラマンが案内役を兼ねて、鳥取砂丘を素足で走り回る楽しそうな女性たちの姿を撮影した。彼女たちの「素顔」が撮影できるようになったのはこの頃からである。

新しい年（一九九四）を迎え、ほとんどの女性が滞在を希望するようになった。都会の華やかさより自然の美しさ、喧騒より静寂さ、そして何よりも人との交流による〝心の潤い〟を求めるようになったのだ。人同士が支えあう農村生活を体験したことによって、「人生観、価値観が変わった」と感じた。その一方、町内唯一の矢上高校では卒業生で地元に残るのは数人しかいなかった。農村の若者たちは都会へのあこがれが強かった。

カモミールの咲くハーブ園

一年がたち、地元酪農家の四〇歳代の男性と結ばれた動物好きの京都市の女性を含め、三人が町に残ることになった。一年草のカモミールが多年草になったのである。町にも変化があった。都会からやって来た女性たちを折々に多くのメディアが取り上げたことで、香木の森周辺には広島などから多くの観光客が訪れるようになり、石見町の交流人口は大幅に増加した。しかも、三人の女性が町に残ったことで定住化にも繋がったのだ。都会からの若者定住を先取りしたこの事業は、それから一五年間続くことになる。

主人公の女性が選んだのは……

この作品で主人公にしたのは愛知県内からオートバイでやって来た二六歳の女性である。幼稚園の先生だったこともあって、町内の保育所へボランティアで手伝いに行ったり、養護施設に通ってお年寄りの手伝いをしたり、農家へ行って畑の仕事を手伝ったり、明るい人柄と積極さが地元の青年たちからも人気のある魅力的な女性だったからだ。私たちが取材をあきらめようとした時期に、他の女性たちの気持ちをほぐしてくれたのがこの女性だった。「このまま町に残るのだろうか、あるいは去ってしまうのだろうか……」私たちもその気持ちを探りかねていた。ぎりぎりまで「迷い続けている」と感じていたからだ。結局、本心を聞き出すことは最後まで出来なかった。メディアがしつこく立ち入るべきではないと考えたからだ。

一年間、六人の仲間と過ごした「香賓館」。ここを最後に出るのが主人公のこの女性だった。

それは、オートバイに荷物を積み込み玄関のカギを閉めた直後だった。突然、両手で顔を隠すようにしながら泣き出したのだ。その泣き声はしばらく続き、後ろから撮影していた私たちの耳にも届いた。声がかけられなかった。この一年間のさまざまな出来事、特に私たちの取材が行き詰まり、困り果てたときに陰でそっと手助けしてくれたことなどが、まるで走馬灯のように次々と浮かんだのだ。そして、遠くで見送る地元の人たちに小さく右手を振りながら、オートバイに乗って香りの町を去っていった。しだいに小さくなるオートバイを見つめながら、私は胸が熱くなり涙がこらえきれなくなった。こんなことは初めてだった。どんな場面に遭遇しても自律性、主体性、客観性が求められる番組制作者でありながら、主人公との別れのこの瞬間は、制作者としての立場を離れていたようだ。私と金田カメラマンはその場から離れられず、しばらくぼう然としていた。

香りをテーマにした町づくり、都市から農村への逆移動、多様化する価値観とその変化、出会いと別れをキーワードとしたこの作品は「カモミールの風」というタイトルで一九九四年五月に全国放送した。ナレーターは、語り口の優しい俳優の森本レオさんにお願いした。

ハーブの町のその後……

香木の森公園

それから一〇年余り過ぎた日、嬉しい知らせが飛び込んだ。石見町の「香りの町づくり事業」が二〇〇六年に日本クリエイション大賞の「地域活性化賞」を受賞したのだ。これは「豊かな生活文化の創造」を目的に、財団法人日本ファッション協会が主催する顕彰制度だった。これを祝って発行された「記念誌」が私の元へ送られてきた。この記念誌には第一期生（一九九三年）から事業最後の一五期生まで、九七名の女性の写真や生活体験などが記されていた。数えてみたらこのうち三〇名が結婚などで町内外に定住していた。

数人の女性たちが編集委員になって発行したそうだが、添えられていた手紙には、「記念誌のタイトルは編集委員の強い希望でドキュメンタリーと同じ、〈カモミールの風〉をそのまま使用させていただきました。これも日本海テレビの取材のおかげです。改めてお礼申し上げます」と記されていた。

当初は、「単なる花嫁対策ではないのか……」といった批判の声もあったが、当時の松本町長の決断で実施された事業だった。あれから三〇年近い長い年月を経た今、この町（現・邑智郡邑南町）は「日本一の子育て村構想」を打ち出し、都会からやって来た多くの女性たちが新しい町づくりの先頭に立っている。

取材後のエピソード……

前作の「みずほの里シリーズ」に続く「カモミールの風」で、瑞穂町と石見町での取材は五年余りに及んだ。多くの人たちと知り合うことが取材での楽しみでもあった。そこで、私的なことだが思わぬ出来事が二つあった。

一つは、「カモミールの風」を放送してから六年後の二〇〇〇年に、当時、取材でとてもお世話になった地元の青年が、この香りの町づくり事業で東京からやって来た五期生の女性と結婚することになった。私はその女性と面識はなかった。ところが青年から仲人を頼まれ、二人は広島市で結婚式を挙げた。取材が縁で仲人を頼まれたのは初めてのことだった。その夫婦の長男はもう国立大学の四年生になっている。

二つ目は、二〇〇二年に私は故郷の鳥取県江府町の大山山麓に山小屋風の木造住宅を新築することにした。それを知った瑞穂町（みずほの里）と石見町（香りの町）の知り合い数人が、山に入って大きなヒノキを七本切って大型クレーン車に積み込み、二時間余りかけて新築現場まで運んできてくれたのだ。

そのうち一本のヒノキは、大黒柱用として自分たちがわざわざ木の皮をはいで準備してくれたものだった。今も大切に使っている山小屋は、二つの町の香りと多くの思い出が詰まっている。

「読売新聞 鳥取版掲載　一九九四年八月三日　一部修正、加筆」

受賞歴：日本民間民放連盟賞中四国地区審査会テレビ教養優秀賞

制作スタッフ

ナレーター　森本レオ
撮　影　金田達実
編　集　長尾　昌

ディレクター　古川重樹
プロデューサー　中村永明
制作・著作　日本海テレビ放送

4

鳥取方式による
校庭芝生化キャンペーン報道
〜だって気持ちいいんだもん〜

放送：2008年７月17日

外国人の一言がキャンペーンのきっかけ

ニール・スミスさん

鳥取方式による校庭芝生化は、山陰地方をエリアとする私どものローカルニュースの一項目から芽生えた。それが長期間の継続取材によってキャンペーン報道になり、ドキュメンタリー制作へと繋がっていった。その経緯をたどれば二〇〇四年にさかのぼる。それは当時、日本海テレビの夕方ニュースの福浜隆宏キャスター（現・鳥取県議会議員）が取材先で一人の外国人（ニュージーランド出身のニール・スミスさん）から耳にした一言だった。「日本の校庭はどうして土ばかりなのか。土だと転んでケガをするから、子どもは本能的に自分の身体をかばう。だから日本の選手は球際のプレーに弱い」。土の校庭が当たり前と思っていた福浜は、日本の常識と異なるその一言に強いカルチャーショックを受けたのだった。これが、校庭芝生化を考えるキャンペーン報道の始まりだった。

鳥取方式とは……

一流選手がプレーするピッチと子どもが運動する校庭とは同じである必要はなく、校庭は雑草が混じっていても問題はないという考えなのだ。

鳥取方式による芝生化の特徴は、①日本で一般的な高麗芝ではなく、横に広がるティフトン芝を用い、子どもや地域の人たちなど利用者自身が植え、水やりなどの維持管理もするので業者発注に比べてコストの大幅削減になる。②芝生化した校庭では、昼休憩には児童が裸足で集うようになり外遊びが増えた。③水やりや芝刈りといった維持管理を地域住民が手伝うことで、学校を核とした地域コミュニティの再生や世代間交流が生まれるようになった、などである。つまり、芝生化が単に安価で出来るだけでなく、学校や地域社会において「人間力」を高めるさまざまな要素を含んでいたのだ。

「自分たちでやれることは自分たちで実践しよう」自らの責任感や使命感に目覚めた住

民たちが各地で立ち上がり、芝生で群れる子どもたちは、協調性や創造性といったことを遊びの中から自然に学んでいった。

ローカルニュースで継続的に放送し始めて二年後の二〇〇六年、島根県の出雲大社に近い大社小学校が、ＰＴＡや地域住民、保護者らの協力で資金を集め、自らの力で校庭の芝生化に乗り出した。そのきっかけは、わが社（日本海テレビ放送）の夕方のローカルニュースを見た学校長の呼びかけによるもので、その動きは近隣の小学校へと草の根運動的に広がっていった。自らの力で芝生化した学校からは「自分たちが手掛けた校庭なのでゴミがほとんど落ちていない」「休み時間には外で遊ぶ子どもが増えた」さらに、「喧嘩やいじめも少なくなった」といった嬉しい声が相次いで届くようになった。メディアが地域の人たちを動かすきっかけを創ったのだ。時間をかけること、継続することが〝大きな力〟を生むことを知った。報道キャンペーンのこの時の貴重な経験が、その後の私のジャーナリズム活動に大きな影響をもたらすこととなった。

全国に広がった「鳥取方式」の芝生化

ローカルニュースでの校庭芝生化キャンペーン報道から四年を経て、二〇〇八年七月に民教協（財団法人　民間放送教育協会）のシリーズ番組「発見！人間力」（テレビ朝日系）で、ドキュメンタリー「だって気持ちいいんだもん〜自分たちの力による校庭芝生化〜」を制作し、全国へ放送した。その後、この作品が文科省の無料ウェブサイト「エル・ネット」で動画配信されたところ、半年間で通常番組の一一倍のダウンロード（五、四八六回）がありテレビ関係者を驚かせた。ネットの力に後押しされ、鳥取方式の校庭芝生化はあっという間に全国へ広がり、ニール・スミスさんの元には全国各地から視察が相次いだ。当時、鳥取方式で芝生化を予定しているのは三六都道府

河川敷で芝刈りをするニールさん

県で四〇〇か所に上っていた。東京都庁へも、ネットで情報を知った都民から「どうして鳥取方式の芝生化を進めないのか……」といった声が多くあったと聞いた。つまり、一流選手がプレーする国立競技場と幼稚園や校庭の芝生とでは、スポーツカーと軽トラックのようにその役割が違う、というのが理由だった。

しかし私は、肝心の鳥取県内での普及の鈍さが気になっていた。当時の平井伸治鳥取県知事へメールしたところトップの決断は早く、まもなく開会した二〇〇九年六月定例本会議で平井知事はこう表明した。「県庁内に芝生化のプロジェクトチームを立ち上げ、グリーンニューディール政策の一環として学校を中心に芝生化を推進していきたい」鳥取で生まれた新たな〝芝生文化〟を無視できなくなっていたのだ。

鳥取方式の芝生化啓発用のDVDやPR用のパンフレットの制作をはじめ、二〇一〇年の三月と一一月には、米子市と鳥取市で「校庭の芝生化」をテーマとした全国規模のシンポジウムが開催された。コーディネーターに起用されたのは日本海テレビ放送ニュースキャスターの福浜隆宏だった。県庁サイドからの強い要請からである。取材先で耳にした〝小さな驚き〟から生まれ育った大きな成果だった。

私たちが報道活動として力を入れたのは、子どもたちの心身ともに健全な育成をはかる教育の問題であり、世代間交流を含めた地域コミュニティの再生や緑の環境問題として捉えたからで、校庭芝生化キャンペーン報道はあくまで手段に過ぎないのだ。

一人の外国人の呼びかけから、学校を核とした地域の人たちの意思と行動力によって実践され、それに共感・共鳴したメディアが継続的に〝社会へアピール〟することによって世論を動かし始めた。加えて、行政が後追いする形で支援する相乗作用によって、鳥取で生まれた〝芝生文化〟は、大きなうねりとなって広がっていった。二〇〇八年に着手した鳥取市の中ノ郷小学校、緑のグラウンドでは子どもたちが裸足で走ったりサッカーを楽しみ、週末には高齢者がグラウンドゴルフを楽しんでいる。地域の人たちの協力で新しく「芝生管理委員会」を設け、今も自分たちの力で〝緑の芝生〟を守っている。

日・中・韓制作者フォーラムへ参加

さらに、二〇〇九年一〇月に韓国の仁川市で開催された日本・韓国・中国の三か国による第九回テレビ制作者フォーラムで、日本側から出品した四本（ドキュメンタリーやテレビドラマ）の代表作品の中に「鳥取方式の校庭芝生化」が選ばれた。このフォーラムは、三か国がその年の各国での話題作を持ち寄って、制作者と意見交換したり、参加者全員で賞を選んだり、シンポジウムを行ったりして作品のレベルアップと制作者同士の交流を深めている。このフォーラムで福浜隆宏ディレクターは、「価格が安く済むうえ、教育や環境面でも良い効果をもたらしている」とその意義を訴えた。特に韓国側の参加者からの反響が大きく「鳥取へ是非取材に行きたい」という声がいくつもあったと話していた。校庭芝生化は日本だけの問題ではなかったのだ。また、作品の審査も参加者の投票で行われ、優秀賞の一本に「校庭芝生化」が選ばれた。ちなみに、倉本聰さん脚本のテレビドラマ「風のガーデン」は最優秀賞だった。

二〇一二年四月三〇日（土）、鳥取県日南町で「鳥取方式の芝生化を考える学習会」が初めて開催された。校庭や公共広場を芝生化することがもたらす教育・環境・コミュニティなど多面的な効果を考えようというもので、講師には福浜隆宏氏が招かれた。広く呼び掛けた学習会ではなかったが、地域のリーダーや町長ら三六名が参加した。この学習会がきっかけで、五月には町内の公共広場の芝生化に向けてのプロジェクトチームが立ち上がり、「来年度中の実現」に向け動き出している。

「GALAC　二〇一一年四月号掲載　一部修正・加筆」

受賞歴：民間放送教育協会、二〇〇八年度「発見！人間力」文部科学大臣賞受賞
　ギャラクシー賞報道活動部門大賞
　日本民間放送連盟賞　特別表彰部門「放送と公共性」最優秀賞
　日中韓制作者フォーラム　優秀賞

制作スタッフ

ナレーター　岡崎典子
リポーター　福浜隆宏
撮　影　沢田一宏
編　集　中原淳一

ディレクター　福浜隆宏
プロデューサー　古川重樹
制作・著作　日本海テレビ放送

5

NNNドキュメント‘98

クラウディアからの手紙

放送：1998年11月30日

序章

戦争によって人生を翻弄されたその数奇な運命は、まさにドラマ以上に思えた。

ロシア人女性のクラウディアさんと日本人男性の蜂谷弥三郎さん、三七年間ロシアで一緒に過ごした二人が最後に別れたのは一九九七年三月、シベリア鉄道のブレア駅だった。

太平洋戦争終了後、多くの日本人捕虜がシベリア奥地の捕虜収容所へ送られるときに通った駅だった。実は、弥三郎さんもスパイ容疑でシベリアの強制収容所へ送られ、長年にわたって当局の監視下におかれていた。その弥三郎さんをまるで我が身を捨てるかのようにして守り続けたクラウディアさん、彼女が最後に下した決断は長年連れ添った弥三郎さんを家族が待つ日本に帰すことだった。この作品はスパイ容疑で抑留されていた日本人男性と無償の愛を捧げたロシア人女性、そして、変わることのない愛で待ち続けた日本人妻の奇跡の愛の物語である。

きっかけは再会シーン

「シベリアへ抑留されていた男性が、五一年ぶりに日本に帰国するという話を中学校時代の恩師から聞いたので取材してみたい……」制作部の河野信一郎ディレクターが、ニュースデスク席にいた私の所へ相談にやって来たのがこの作品の始まりだった。

「五一年ぶりの帰国とは……」めったにない話題なのでリサーチするよう伝えた。その結果、鳥取市内に住む蜂谷弥三郎さん（当時七八歳）の妻の久子さん（当時八〇歳）が、夫の生存の報に喜び帰国を待ちわびていることがわかった。一九九七年三月二五日、弥三郎さんが京都発の列車に乗って鳥取駅へ到着する日である。この日は、久子さんが自宅を出て鳥取駅のプラットフォームで列車が到着するのを待つシーンを、河野ディレクターのカメラクルーが取材する段取りにしていた。しかし、前日になってふっと思いなおした。今思えば突然のひらめきだったような気がする。「もう一台カメラを出そう！」そのカメラは列車で故郷へ向かう弥三郎さんの姿を車内撮影するためだった。日常のニュース取材で二台のカメラを出すことはほとんどなかった。しかし、結果的にこの二台のカメラが撮影した映像がのちに大きな意味を持つことになった。

鳥取駅で51年ぶりの再会

その日、デスク席で夕方のニュースの準備をしていたところ、取材スタッフが興奮した面持ちで帰ってきた。「ものすごい映像が撮れました」沢田一宏カメラマンの言葉に、デスク周りに居た多くの報道部員も集まって試写会となった。〈特急列車で故郷へ向かう弥三郎さん、どことなく落ち着かない様子だ。やがて、列車はJR鳥取駅の三番ホームに到着する。ホームでは妻の久子さんが待っている。カメラはアップで、少し不安そうな久子さんの顔をとらえている。突然久子さんの表情が輝く。その表情はまるで五一年前に戻った一瞬だった。そして、小走りで駆け出した久子さん、小柄な彼女が飛び込んだのは、列車から降り立った懐かしい夫の大きな胸の中だった。人目もはばからずホームで抱き合い涙する老夫婦〉それが五一年ぶりの再会シーンだった。二台のカメラが映し出したその感動的な映像に誰もがくぎ付けとなり、言葉が出なかった。目頭が熱くなった。涙がこらえきれなかった。これまで、ニュースやドキュメンタリー取材でさまざまな映像を撮り見てきたが、これほど心ふるわす映像は初めてだった。「この感動的なシーンの背景を探りたい」さらにリサーチした結果、弥三郎さんはロシアで出会った一人の女性のおかげで心を癒され、命を長らえられたことが分かった。戦時中、弥三郎さんは家族三人（夫婦と娘）で今の北朝鮮の平壌で暮らしていた。まもなく内地に引き揚げようという時、突然身に覚えのないスパイ容疑で旧ソ連軍に連行され、そのまま行方が分からなくなってしまった。妻と娘は何とか日本へ引き揚げることが出来て、弥三郎さんの帰国を待ち続けた。

一回目のロシア取材「人の悲しみの上に……」

「日本人男性を助けてくれたロシア人女性を知りたい」その思いはしだいに強くなった。鳥取駅での感動的な再会の日から一年後の一九九八年三月、河野信一郎ディレクターと沢田一宏カメラマンの二人がロシア極東のアムール州プログレス村へ向かった。

クラウディア・レオニードブナさん（当時七七歳）は村の中心近くに一人で住んでいた。

クラウディアさん

そのクラウディアさんが弥三郎さんと出会ったのはモスクワ近くの保養地の食堂で、弥三郎さんがスパイ容疑で逮捕され、強制労働一〇年の判決を受けたシベリアの強制収容所から釈放された後だった。これがきっかけで二人の交際が始まり、その後ハバロフスク近くのプログレス村で一緒に暮らすようになった。実は彼女も同じように、無実の罪で強制労働の辛い過去があったのだ。弥三郎さん四四歳、クラウディアさん四一歳の時である。しかし、弥三郎さんに対しては当局から執拗な取調べや監視の目が光っていた。釈放されてもスパイ容疑が晴れない異国人の弥三郎さんを、彼女は命がけで守り続けていたのだ。ここで四〇年近い歳月が流れる。

一九九一年にソ連が崩壊し政治体制が変わった。そこで弥三郎さんは一枚のメモを知人に託し、自分が無事であることを鳥取県気高町に住む妻の久子さんへ伝えた。その知らせに、「生きとったですか！」と驚く久子さん。保健婦の資格を取って生計を立てていた久子さんは、夫の生存を信じ戸籍もそのままにして、女手一つで一人娘を育て上げていたのだ。日本にメモを送った弥三郎さんだが、初めのころは妻と娘に会うだけで充分だと思っていた。ところが、弥三郎さんの故郷日本を思う気持ちを知り尽くしていたクラウディアさんは、妻と娘が元気で暮らしていることを知り、日本への「永住帰国」を強く勧めたのだ。私達はその真意を知りたかった。彼女は取材班のインタビューにこう答える。「私はそれぞれが一人だと考えていたのです。だけど彼には妻や娘が日本で生きていることがわかったのです。それなのに彼を帰さないで引き留めることはできません。私はこの別離を絶対に後悔はしていません。人の不幸の上に自分の幸せを築き上げることは出来ません。心を込めてあなたたちの幸せを祈ります」一瞬言葉を失う。まるでドラマのセリフを聞いているかのようだった。シベリアの寒村で一人暮らす老女の一言は重く心に残った。

二回目のロシア取材「復権証書の交付」

ドキュメンタリー制作への手ごたえを感じ取った取材スタッフは、その年の夏に再びク

河野ディレクターへ手渡される復権証書

ラウディアさんを訪ねた。そこで、思わぬ事態に遭遇する。

　スパイ容疑で捕えられていた弥三郎さんの当時の裁判記録を調べていた河野ディレクターに、ロシア極東軍区検事局の復権部長から弥三郎さんの無罪を証明する復権証書が手渡された。それは思いもしない出来事だった。

　ロシアでは一九九〇年以降、政治体制が変わったことで、証拠もなく有罪とされていた人たちに国として名誉回復の作業を進めていたのだ。当時、日本人で復権を果たした人はおよそ一、五〇〇人、しかし、ほとんどの人がシベリアの地で亡くなっている。

　ロシア民主化への時代の移り変わりを具体的に示す「復権証書交付」のシーンを撮影できたのは、まさに「奇跡」だった。私はドキュメンタリー制作においては「時代を描く」

という視点が重要だと考えている。そうした映像が撮れたのは、取材スタッフの河野信一郎ディレクターと沢田一宏カメラマンの執念と「時代を読み取る力」によるものだと思っている。

日本に帰った河野ディレクターから名誉回復の復権証書を受け取った弥三郎さんは自嘲気味にこうつぶやく。「俺の人生を戻してくれ。でも、スパイでなかったからこれで死に切れる。八〇歳近くになってお前は無実とは……」

一方、弥三郎さんの無実を知ったクラウディアさんは、「単なる紙切れでしかありません。ひどい体験でした。心痛む大変な人生でした。ドアをノックされるたびに、誰かがやってくるたびに怯える恐怖の生活を送っていたのです」インタビューにこう答えるものの、弥三郎さんが日本でこの復権証書を見て喜ぶ姿を思い浮かべたのか、心から嬉しそうな笑顔を見せたのだった。

編集マンのこだわり

毎週日曜日の深夜に放送している、日本テレビ系列のＮＮＮドキュメントでの全国放送が決まった。当時の菊池浩佑プロデューサーの配慮で、放送枠は五〇分の拡大枠（通常三〇分枠）をもらうことが出来た。三〇分ではとても伝えきれないと感じていたのでとても嬉しかった。編集は私が懇意にしている日本テレビの長尾昌氏（故人）へお願いした。長尾氏は日本のテレビドキュメンタリーで初めてエミー賞（米国で年一回開催されるテレビドラマの祭典、世界で最も権威ある賞とされている）を受賞した『明日をつかめ貴くん～貴くんの四七四五日～』（一九七五年放送・池松俊雄ディレクター）を編集するなど、数々の名作を手掛けた人だった。しかし、今回の作品は長尾氏を悩ませる。ロシアと日本の二つの舞台が次々と移り変わるため、それを映像で視聴者にどう理解してもらうかという事だった。編集はＮＴＶで行っていたがこんな出来事があった。「ロシアに住むクラウディアさんから鳥取の弥三郎さんへシーンが移るにあたって数秒の映像が見当たらない、編集が半日ストップしている」ワンカットの映像にこだわる職人からの連絡だった。それからしばらくして、「鳥取の浜へ打ち寄せる日本海の波を撮影して送って欲しい」という電話があった。その映像はこの作品の前半部分で一〇秒余り使っている。それは弥三郎さんを日本に帰し、ロシアで一人暮らしているクラウディアさんの映像から、日本海に面した鳥取県気高町で妻の久子さんと生活している弥三郎さんの姿へ場面転換する間に挿入された。

「二人は日本海を隔ててそれぞれの国で暮らしている。一人ぼっちで暮らすクラウディアさんの気持ちを鳥取の浜辺へ打ち寄せる白波に託してみた」さらに、長尾氏はこう続ける。

「人の心をどう映像化するかがこの作品には重要だ、それがワンカットの心象風景なんだ」

こうして難産の末に生まれた「クラウディアからの手紙」は、一九九八年一一月二九日（日）二四時一五分〜二五時一〇分にＮＮＮドキュメントで全国放送することになる。

ドキュメンタリーが舞台化

放送後、ある地元紙がコラムでこう記していた。「この作品はソフィア・ローレン主演の往年のイタリア映画の名作『ひまわり』を彷彿とさせる。しかし、ここで描かれている事実はフィクションを超えている」番組の感想や再放送を望む声が相次ぎ、ＮＮＮドキュメントでの視聴率は日曜日の深夜という時間帯にもかかわらず、関西地区で八・七％、関東地区で六・九％で、その年の年間最高視聴率を記録した。また、地方の時代映像祭の大賞、

ＮＮＮドキュメント年間最優秀賞、ギャラクシー賞優秀賞など数多くの賞を受賞した。

さらに、二〇〇六年には「ホリプロ」が創業四五周年記念事業で、「クラウディアからの手紙」というタイトルで、佐々木蔵之介、斉藤由貴、高橋惠子ら実力派俳優を起用して東京、福岡など全国七都市で二八回の舞台公演を行った。これは、ＮＮＮドキュメントでたまたまこの作品を見たホリプロの女性ディレクターが、社の記念事業の企画募集に応募して採用されたと聞いた。私に電話をかけてきたそのディレクターは、「七〜八年前のことだが、テレビでこの作品を見て眠れないほど感動した。いつか舞台にしたいと思い続けていた」と熱っぽく訴え協力を求めた。地方局のドキュメンタリーが全国規模の舞台公演になるというのは聞いたことがなかった。それだけに、社としては「特別協力」という形で全面協力することになった。また、ホリプロ側からこんな要望があった。「鳥取駅での夫婦の五〇年ぶりの再会のシーンは舞台では表現出来ない。そのシーンだけ舞台の中でテレビ映像を流したい」これには驚いた。〝映像の持つ力〟は舞台以上だったのだ。

そして、二〇〇九年には「東京芸術座」によって、二作目の「クラウディアの祈り」（ＮＮＮドキュメントで二〇〇二年放送）が東京新宿・紀伊国屋ホールで舞台化された。劇団創立五〇周年記念公演の第一弾として企画されたのだ。クラウディア役はロシア国立オムスク・ドラマ劇場の女優だった。九月二日の舞台公演初日には鳥取県の平井知事が駆けつけ、公演前の楽屋に足を運んで舞台の出演者へのあいさつに回られた。そして、会場の入り口で先頭に立って先着順に鳥取県特産の二十世紀梨を配られたのだ。そんな知事の姿が嬉しかった。

戦争の傷跡を背負いながら誠実に生きるクラウディアさんと弥三郎さん、そして久子さん。波乱に満ちたそれぞれの人生と時代を超えた深いヒューマニズムに、多くの視聴者が共感してくれたように思う。戦争は多くの人の命を奪うだけでなく、人の運命をもてあそぶ。

ロシアのテレビ局が鳥取市へ

二〇〇五年四月のことだった。ロシアのテレビ番組の取材スタッフが突然日本海テレビを訪ねて来た。ロシア国営放送の第一テレビと契約する番組制作会社のポグレブノイ・アレクセイ監督ら四人で、クラウディアさんと弥三郎さんのことがロシアの新聞で取り上げられたのがきっかけだった。三泊四日の日程で鳥取市で暮らす弥三郎さんの生活シーンなどを取材し、一時間番組で放送するとのことだった。その取材に先立って、ドキュメンタリーを制作・放送した日本海テレビの制作スタッフに是非会いたいというのが訪問の理由だった。私と河野ディレクターが応対し、通訳の人を介して取材の意図や経過について話をしている中で、アレクセイ監督がこう切り出した。「貴方たちが作ったドキュメンタリーを、今、見せて欲しい」一瞬戸惑ったが通訳者にこう答えた。「我々はロシア語版は作っていない。ナレーションも字幕も日本語なので、今、作品を見て理解できるのはクラウディアさんらロシアの人が話す言葉だけだ」しかし、その返答は「監督はそれでも見たいと言っている」それから、我々とロシア人スタッフが同じ部屋で一緒に五〇分の作品を見ることになった。時おり通訳の人が場面を見ながら何かを説明しているようだった。そして、番組が終わり最後のスタッフロールが消えた途端思いがけない反応に驚いた。監督やスタッフが立ちあがって大きな拍手と歓声を上げ、我々に握手を求めてきたのだ。通訳の男性も興奮した様子で、「素晴らしい作品でした、監督もスタッフもみんな感動しました。ありがとうございました」私が、「日本語が分らないのに番組が理解できたのか」と尋ねると、「言葉は分からなかった。しかし、丁寧な映像の流れで番組の主旨を充分理解することが出来た」私はこの時、言葉の壁を乗り越える〝映像の普遍的な力〟を強く感じた。編集の長尾氏がこだわったワンカットの映像が持つ意味、つまり、人の心を映し出す映像に国境は無いのだ。

クラウディアからの手紙

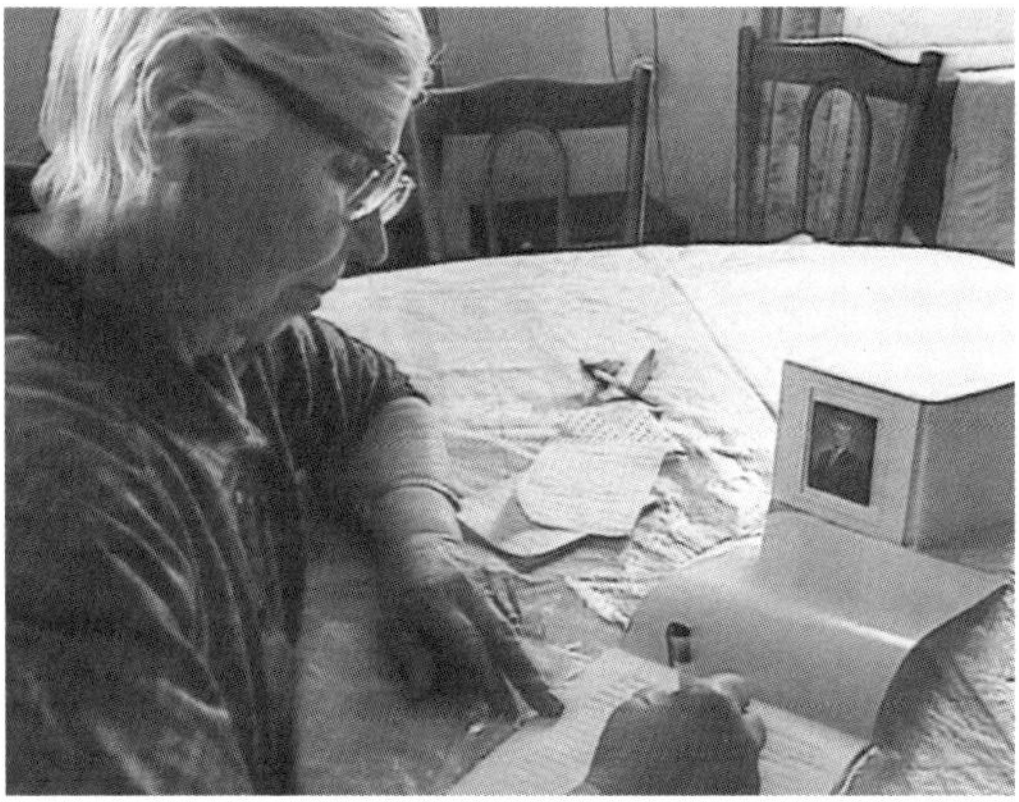
手紙を書くクラウディアさん

ロシアと日本に別れても、

クラウディアさんと弥三郎さんは毎週のように手紙を出し合いお互いを励ましあっていた。次の一文は一九九七年三月二一日付けのクラウディアさんからの手紙である。

《ときどき、思い出してください。プログレス村を……私たちは思いもよらない人生の出会いをしました。よく似た運命が私たちを引き寄せたのでした。私たちの人生は常に恐怖のもとで過ぎていったのでした。いっさいの罪は戦争にあるのです。私は心からあなたを理解しておりました。たった生後一年余りで別れた娘さんや、まだ若かった奥さんがいる祖国を恋しく思うあなたの心のうちを……みんなのことを毎日のように涙とともに思い出していましたね。あなたは再び家族の愛に包まれて祖国にいるという嬉しい思いで私は生きていきます。私のことは心配しないで下さい。わたしは自分の祖国に残って生きていきます。私は子供の時代をたった一人で生きてきました。だから、忍耐強く、勇敢に生きてゆきます。涙をみせずにお別れしましょう。つらく悲しいことだけれど、これが私たちの運命なのです。そして、あなたの心の片隅にしまっておいて下さい。わたしはあなたの誠実な妻であり、心からの友であったことを……》　クラーヴァより（一部抜粋）「犬伏洋子訳」

クラウディア、久子、弥三郎の死

弥三郎さんとブレア駅で別れてから一七年たった二〇一四年九月六日、クラウディアさんはプログレス村の自宅で九三歳で亡くなられた。とても穏やかな死だったそうである。また、久子さんは二〇〇七年に鳥取市内の自宅で、弥三郎さんの腕の中で眠るように息を引き取られたと聞いた。九〇歳だった。その後、弥三郎さんは娘夫婦に見守られながら鳥取市で暮らしていたが、二〇一五年六月一〇日に亡くなられた。波乱に満ちた九六歳の生涯だった。

終　章

私達がこの作品に込めた思いは、個々の幸せが戦争によって容赦なく打ち砕かれた三人の別離と再会の姿を通して、戦争がもたらす残酷さ、平和の尊さを静かに訴えることだった。そして、どんな困難な境遇にあっても懸命に生き抜き、でも、決して失わなかった「寛容」と「永遠の愛」を知ってもらいたかった。

プログレス村のクラウディアさんの庭には「ひまわり」が毎年大輪の花を咲かせている。それはクラウディアさんと弥三郎さんが丹精込めて育てた思い出の花である。クラウディアさんが居なくなって、日本海テレビのスタッフがこの庭のひまわりを撮影する機会は永遠になくなってしまった。〝陽に向かって咲くひまわり〟一途な愛を象徴するこの花を見るたびに、お互いを思いやり支え合いながら明るく生きようとした二人の姿と重ね合わせている。おりからのロシアによるウクライナ侵攻、戦争の悲惨さと愛が育む未来を改めて私たちの心に問いかけている。

「みんなで語ろう民放史　民放くらぶ第一一七号」二〇一五年三月掲載　一部修正、加筆

引用：「クラウディアの祈り」村尾靖子著　出版社：株式会社ポプラ社
「クラウディア奇蹟の愛」村尾靖子著　出版社：株式会社海拓舎
一九九七年三月二一日付けのクラウディアからの手紙（犬伏洋子訳）

受賞歴：地方の時代映像祭大賞
ギャラクシー賞テレビ部門優秀賞・奨励賞
NNNドキュメント年間最優秀賞
日本民間放送連盟賞テレビ教養優秀賞
日本民間放送連盟賞中四国地区審査会テレビ教養最優秀賞

制作スタッフ
ナレーター　石丸謙二郎
撮　影　沢田一宏
編　集　長尾　昌
企　画　古川重樹

ディレクター　河野信一郎
プロデューサー　加藤博司
制作・著作　日本海テレビ放送

6

米子が生んだ心の経済学者
～宇沢弘文が遺したもの～

初回放送：2016年９月18日

「社会的共通資本という新しい社会の仕組みを唱えた米子市出身の世界的経済学者がいる。しかし、地元であまり知られていない。番組を作って多くの人たちに知ってもらおうと思うのだが……」中海テレビ放送の髙橋孝之会長（現）からの一言だった。二〇一六年二月のことである（私は日本海テレビ放送退職後の二〇一五年から米子市の中海テレビ放送で報道制作部の指導に当たっている）。ノーベル経済学賞の有力候補と言われた宇沢弘文さんは、経済学は人々を幸せにするための学問と位置づけ、その理論を生涯にわたって追究し続けたが、二〇一四年九月一八日に八六歳で亡くなられていた。宇沢さんが提唱された「社会的共通資本」は、私たちの暮らしに欠かせない大気、水・森林などの自然環境や交通・電力などのインフラを人々の共有財産として捉え、利潤追求の対象にすべきではないとしている。行き過ぎた経済優先の社会の在り方を批判し、真に人間的な生活を持続可能にしていかなければならないというものだった。宇沢さんのことを知らなかった私は、本や新聞、さらに宇沢さんと交流のあった方々から情報を集め、自分なりに番組のイメージを膨らませた。それは、知れば知るほど人物像や思想的な背景がミステリアスだったからだ。小説で言えば謎を解く推理小説に近かった。

経済学者でありながら、著書のタイトルには「人間の心」とか「人々の幸福」といった本来の経済学からイメージしにくい数々のフレーズに接し、疑問と好奇心を合わせ抱くようになった。しかも、多くの著書から、ふるさと米子への熱い思いが伝わって来たのだ。

二〇一六年三月一六日、東京渋谷の国連大学で宇沢弘文さんの追悼シンポジウムが開かれた。シカゴ大学教授時代の宇沢さんから大きな影響を受けたノーベル経済学賞受賞者のスティグリッツ米コロンビア大学教授による記念講演が行われた。急きょ会場へ駆け付けた私は宇沢さんの長女で内科医の占部まりさんと初めてお会いし、番組制作への協力をお願いした。その時はすんなりと受け入れられたわけではなかった。が、その出会いがきっかけとなって半年間に及ぶドキュメンタリー取材が始まった。

宇沢さんの姿を追い求めて……

四月に入って、私たち取材スタッフは群馬県館林市と東京へ向かった。館林市には宇沢さんの実弟の充圭さん（医師・慶友整形外科病院理事長）が住んでいた。取材の日は、近くに住む充圭さんの実姉（宇沢さんの妹）の道子さんも充圭さんの病院に来てくれた。

現在の米子西高校を卒業された道子さんは、米子で暮らしていた当時のことを鮮明に記憶されていて、当時の宇沢家の家族の写真を手に、両親や兄の弘文さんのことを懐かしく話をしてもらうことが出来た。インタビューは一時間余りに及んだが、姉・弟の二人が一緒だったこともあって日常会話のようなリラックスした雰囲気のなかで話が弾んだ。その和やかなやりとりのなかで、この番組の「核心部分」に繋がる貴重な証言を得ることが出来たのは望外の喜びだった。

実は、このドキュメンタリーを制作する上で謎だったのが経済学者でありながら、「人の心が大切」という人間重視の宇沢思想の原点はどこで育まれたのかということだった。その謎を解く手がかりをつかむきっかけとなったのが、この時の二人の証言だった。それは、充圭さんが突然思い出すようにつぶやかれた言葉だった。「兄は学生時代（東京大学）に鳥取県日南町のJR生山駅の近くにあるお寺によく行っていたようだ」〝お寺〟という言葉に心が動いた。もしかしたら、何かヒントがつかめるかもしれない。その翌日、私達は東京渋谷の閑静な住宅街にある宇沢邸を訪ねた。夫人の浩子さんは病院から退院されて間もないころだった。言葉は滑らかではなかったものの、私たちの質問には丁寧に答えていただいた。ご主人の人柄について、「心のきれいな人でした。私のことを私以上に理解していたように思います」「母親が亡くなったと聞いたときは、一人声を上げて泣いていた。こんな姿を見たのは初めてだった」この夫人の言葉こそ、宇沢さんの心のうちを表す貴重な証言だった。

この取材で新たに分かったことが二つあった。一つは、子どものころに数年しか住んでいない米子への強い愛着は、「母親への深い思い」があったこと。二つ目は、宇沢さんの生き方や思想的な面で大きな影響を与えたのは、「日南町のお寺」にあったということだった。

日南町のお寺とは……

その寺は、日南町の生山駅の近くということまでで、寺の名前はどの書物にも触れてなく、宇沢さん自身が明らかにしていなかった。そこで、私は当時の日南町の増原聡町長へ調べていただきたいとお願いした。三日後に電話が入った。「その寺は生山駅から歩いて一時間ほどのところにある曹洞宗の永福寺のようだ」しばらくして、私は一人で日野郡日南町下石見地区の小高い場所にある永福寺を訪ねた。取材を始める前にきちんと挨拶をしておきたいと思ったからだ。そこでお会いしたのが現在の住職、米積孝賢和尚だった。孝賢さんによれば先代住職もその頃は子どもだったので、もし、当時付き合いがあったとする

宇沢さんの"聖地"とされる永福寺（鳥取県日南町）

なら、すでに亡くなっている先々代の昌賢和尚だろうと話してくれた。寺のすぐ近くに住む元日南町長の矢田治美さんによれば、「お酒を飲むことと人との会話を何よりも楽しみにされていて、お寺には教育者や文化人など多くの人が出入りしていた。夏休みの頃には毎年のように学生服姿の若者が長期間滞在していたが、それが若かりし頃の宇沢さんだったに違いない」宇沢さんもお酒と会話が何よりも好きな人だった。昌賢和尚は一九三三年（昭和八）に法政大学を卒業し、高知県、三重県、そして鳥取県内の高校などで教員をされていた。その後、地元の日南町教育委員会委員長として教育行政に当たられ、人の世話や面倒をよく見られる有識者として敬慕されていた。かつて宇沢さんも全国各地から招かれた講演会で、若かりし頃に寺の住職から教わったことがとても大きかったとよく話をされていたが、何故か寺の名前には触れていなかった。それから二週間余りたって取材スタッフと共に再び寺を訪ねた。そこで孝賢和尚が思いがけないものを見せてくれた。それは昌賢和尚の日記帳の間から偶然見つかった「直筆の法話原稿」だった。孝賢和尚が読んでくれたその文面に衝撃を受けた。そこには、「科学そのものは人間に幸福をもたらすものである。しかし、使い方次第では幸福にも不幸にもなりうる、何が大切であるかをよく考えて判断すべきである」などと記されていた。つまり、人間が幸せを求める上で大切にしなくてはならないのは「人の心」だと訴える宇沢思想の根底に繫がる内容だったのだ。ローマ法王から世界へ発信する歴史的文書「レールム・ノヴァルム」作成への助言を求められた宇沢思想の原点はここで育まれたのだと直感した。番組制作に当たって心に引っかかっていた謎が紐解かれた瞬間でもあった。私がドキュメンタリー制作でいつも心がけている「something new」「何か新しいものを見つけ出せ」それが、永福寺で孝賢和尚が探し出してくれた法話原稿だったのだ。宇沢さんの長女の占部まりさんは、二〇一七年四月に出版された新潮新書『人間の経済』の冒頭部分にこう記されていた。「日南町永福寺での住職との交流と豊かな自然が、父の思想の基礎になっているような気がします」初めて寺の名前に触れていた。実はまりさんはドキュメンタリー放送後の二〇一七年六月六日、東京から一人で永福寺へやって来られた。孝賢和尚から寺の本堂や当時宇沢弘文さんが滞在していた離れの部屋などを案内されたまりさんは、若かりし父親の面影を探し求めているようだった。私が、「寺のどこかで、お父さんと昌賢和尚がみてますよ」と言うと納得したかのようにこっくりとうなずかれた。

パソコンに残されたのは……

宇沢さんは東日本大震災直後に脳卒中で倒れ、二〇一四年に亡くなられた。八六歳だった。自宅の二階に置いてあるパソコンには「東日本大震災」と名付けられたフォルダがあった。最期まで日本の将来を案じ気にかけていた宇沢さんが、あの大震災で何を書きたかったのか、今や知るすべもない。庶民の声を大切にした社会の仕組み、「人の心が大切」の思想を貫かれた宇沢さんの姿が思い浮かぶにつれ、親交のあった永福寺の昌賢和尚が法話原稿の中で記していた一説を思い出す。「原子力の利用も使用いかんによっては全人類を不幸にする」

九月一八日（日）の初回放送とは

基本的には一回しか放送しない民間放送の番組に比べ、ケーブル局の中海テレビ放送は何回かリピート放送しており見逃しても後日見ることができる。ただ、私はこの作品については〝初回放送日〟にこだわった。二〇一六年九月一八日、この日が宇沢さんの三回忌だったからだ。番組取材が順調に進むようになった段階からこの日に決めていた。番組制作を企画した中海テレビ放送の髙橋孝之代表取締役会長ら私たち制作スタッフには、「この作品は宇沢さんに捧げるとともにその思想を地域社会へ普及させたい……」そんな強い思いがあったからだ。

初回放送日の当日、私は日南町下石見の永福寺の近くにあるおそば屋さんで、友人と一緒に午前一一時からの一回目の放送を見た。時代を経ても宇沢さんと同じ空気感が味わえる所で見たかったからだ。これまで三〇数本のドキュメンタリー制作に関わってきたが、会社か自宅以外で番組を視聴したのは初めてだった。忘れられない日となった。

宇沢さんのテーマ曲について

実は、このドキュメンタリーでは制作中にこんなエピソードがあった。それは編集作業が大詰めを迎えたころだった。ディレクターで編集担当の鷲見衆氏（ＳＶＳ）に、この作品の音楽は既存の曲では表現出来ない、宇沢さんのためのオリジナル曲を使いたいと相談した。しかし、放送日も迫ったこの段階で新たな曲作りは日程的に無理ということになった。でも、オリジナル曲にこだわった。そこで、知人の紹介で日野郡日南町在住の女性音楽家、木下忍さんに宇沢作品の主旨を伝え曲作りを依頼したのだ。木下さんは放送された作品を自宅でご覧になり、自分なりのイメージで二つのオリジナル曲を作られＣＤで送ってこられた。このうちの一つ「ペガサス」というタイトルの曲は、「孤独なる白い天馬が雲を突き抜け、踊るように空をかけ上がる姿」をイメージしたピアノ曲で、〝宇沢思想が天馬のごとく広まってほしい〟という願いが込められていた。私は、この曲にすっかり魅了された。そこで、翌年の正月に特別番組として宇沢作品を再放送する機会に、テーマ曲をこのオリジナル曲「ペガサス」に差し替えた。これまで多くのドキュメンタリー制作に関わって来たが、こんな体験は初めてだった。それも作曲家は、宇沢さんと関わり深い永福寺と

「よなご宇沢会」の学習会（米子市）

同じ日南町内に住む音楽家だったことに不思議な縁を感じた。人が人らしく生きていける社会を実現するための経済学を生涯にわたって追い求めていた宇沢弘文さん。その宇沢さんが、母親への熱い思いもあって生涯忘れることがなかったふるさと米子。ここでは宇沢さんの本を読んで感銘した市民グループ「よなご宇沢会」が中心になって、その思想の輪を若い世代に向けさらに大きく広げようと、今も独自の活動を続けている。

NHK　BS1で全国放送へ

放送後の反響は大きく、地元紙の記者からのメールには「宇沢先生の思想や足跡を証言や資料で裏付けていく綿密な取材と構成、そして何より、ふるさとからの視点に感服した。報道の仕事に携わる一人として大いに刺激を受けた。さらに、この番組が鳥取県西部地区八市町村の放送エリアしか見られないのは残念だ」と記されていた。私も、番組を企画した髙橋孝之会長も同じ気持ちだった。

ところが、放送から二年後の二〇一八年の秋、思いがけない嬉しい知らせが飛び込んだ。NHKから「BS1で全国放送したい」との連絡が入ったのだ。しかも、二〇一八年一二月二六日午後九時からのゴールデンタイムでの放送だった。制作スタッフだけでなく会社中が喜びに沸いた。ケーブル局制作のドキュメンタリーがゴールデンタイムで全国放送されるのはまさに異例で、地元紙も紙面で大きく取り上げてくれた。さらに、二か月後にはNHK総合が鳥取ローカルで午後八時から、NHKのEテレも中国ブロックで全編放送したのだ。六年前、中海テレビ放送の髙橋氏の一言からスタートした宇沢弘文さんのドキュメンタリー。人々が幸せを感じられる経済学を希求した「人間重視」の思想は、オリジナル曲ペガサス（天馬：ギリシャ語）のように、米子から全国へ羽ばたいて行ったのだ。

受賞歴：第四三回日本ケーブルテレビ大賞審査員特別賞
　第三九回地方の時代映像祭優秀賞（ケーブルテレビ部門）

制作スタッフ

ナレーター　東馬紀江
撮　影　横木俊司
編　集　鷲見　衆（SVS：山陰ビデオシステム）
リポーター　上田和泉
企　画　髙橋孝之

ディレクター　鷲見　衆
アドバイザー　古川重樹
プロデューサー　横木俊司
協　力　SVS（山陰ビデオシステム）
制作・著作　中海テレビ放送

7

NNNドキュメント'01

ビスターレ
～17歳の少女とネパールの日本人～

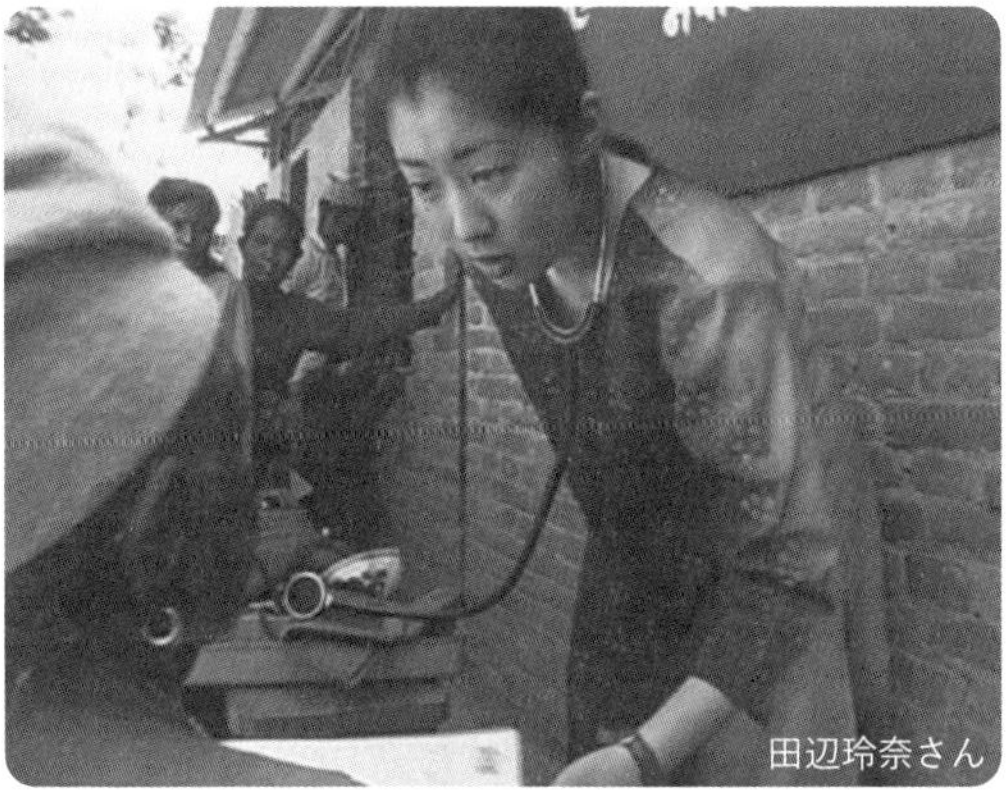

田辺玲奈さん

放送：2001年５月26日

二〇〇〇年一二月、鳥取市で行われた高校文化祭弁論大会で米子北高校衛生看護科二年の田辺玲奈さん（一七歳）が優秀賞に輝いた。弁論テーマは「看護師への道」だった。

玲奈さんは中学二年の時に「ネパールの翼」という研修旅行でカトマンズへ行き、そこで一人の日本人女性と出会った。鳥取県大山町出身の山根正子さん（当時六四歳）である。鳥取赤十字病院の看護師や大手病院の看護師長をしていた山根さんは、ネパールで一人医療支援活動に当たっていた鳥取大学医学部出身の岩村昇博士との出会いがきっかけで、一九八三年に単身ネパールへ渡っていた。山根さんの現地での献身的な医療活動を目の当りにした玲奈さんは、親の反対を押し切って地元の高校の看護科へ進学していたのだ。ネパールへ行く決心を固めた玲奈さんは、冬休みに入って自宅近くのレストランでアルバイトをしてその費用を作った。「自分の進むべき道をもう一度確かめたい……」というのが理由だった。玲奈さんの家は母親が美容院を経営していて、一人っ子の玲奈さんに美容院を継いで欲しいと思っていた。しかし、娘の強い気持ちに折れた母親は取材スタッフのインタビューにこう答えた。「いつも山根さん山根さんと言っているので、山根さんに一歩ずつ近づけるような人になって帰ってきてほしい」

ネパールへの一人旅……

二〇〇一年三月一八日、一七歳の玲奈さんは春休みを利用して関西国際空港から一人ネパールへ旅立った。初めての一人旅だった。鳥取市からおよそ四、五〇〇〇キロ、中国とインドに囲まれたネパール王国。人口は約二、〇〇〇万人で九〇%はヒンズー教徒で信仰心が厚い国だ。玲奈さんは「ネパール旅日記」にこう記していた。「きょう四年ぶりのネパールへ、明日から一〇日間しっかり自分の目でネパールを見たい……」

首都カトマンズは近代化が急速に進んでいることもあって、車の排気ガスや大気汚染、ごみ処理が深刻な社会問題になっていた。

あこがれの山根正子さんとは……

山根正子さんが働いているクリニックは、カトマンズの郊外にある「レスクセンター」で、山根さんの他に医師や保健婦など二〇人のスタッフが働いていた。ネパールは患者に対して医師の数が極端に少なく、当時の平均寿命は男性四七歳、女性四六歳だった。

レスクセンターにやってくるのはカトマンズ市内だけではなく、何時間もかけて歩いてやってくる患者もいた。山根さんは患者が支払える程度の治療費しか受け取っていなかった。

山根さんが単身ネパールへやって来たのは四六歳の時だった。ネパールへ持って来たのはおよそ八〇キロの医薬品と医療器具だけだった。それから一七年、ネパールの人たちからの信頼はとても厚かった。玲奈さんは旅日記に「山根さんは私が生まれた年にネパールへ行かれた。私が生きてきた一七年間まるごとここで医療活動をされている。すごい！改めて実感」と書き込んでいた。そして、「表面的なネパールではなくて内面的なネパールを見れたら……」と話す玲奈さんに山根さんはこう答えた。「日本はね、本当にすごい贅沢な国なのね、特に食生活に関しては。食べたいものはいつでも手に入り、いらなきゃ残しておきなさいとなるじゃない。一日に一食しか食べられない子どもたちもいる。そういう現実があることを是非知っていてほしい……」山根さんの活動を支えているのは米子市の「日本・ネパール人づくり協力会」である。病院での活動資金などが送られスタッフの給料や薬代などに当てているが、やりくりにとても苦労されているようだった。

ヒマラヤのひげドクター　岩村昇博士

実はネパールでは、すでに四〇年前から日本人の医療ボランティアの先駆者として医療奉仕活動に当たっていた人がいた。米子市にある鳥取大学医学部の岩村昇博士（故人）である。岩村博士は当時平均寿命が三七歳というネパールで、一九六二年から一八年間にわたってマラリア、赤痢、コレラなど感染症の予防や治療に当たっていた。その献身的な医療活動は「ネパールの赤ひげ」と呼ばれていた。私たちの取材当時、岩村昇さんは兵庫県三木市で妻と暮らしていた。インタビューの中で岩村さんは、「私は昔から山男でした。WHOが世界で貧しい国を五つ挙げた。その中で、当時ネパールが一番貧しかった。それでネパールを選んだ」岩村さんは帰国後に神戸大学医学部教授として教鞭をとり、アジアのノーベル賞と呼ばれるマグサイサイ賞を受賞されている。

単身ネパールを訪れた玲奈さんは、山根正子さんの巡回診療に同行した。ネパールのNGOの医師も一緒だった。車を降りた村からさらに一時間の道のりを、医療器具を持って歩き通した。一年に一回の巡回診療には多くの村から患者が詰めかけ、村の人たちからいかに頼りにされているかを実感した玲奈さん。医療スタッフが十分でないだけに、困った

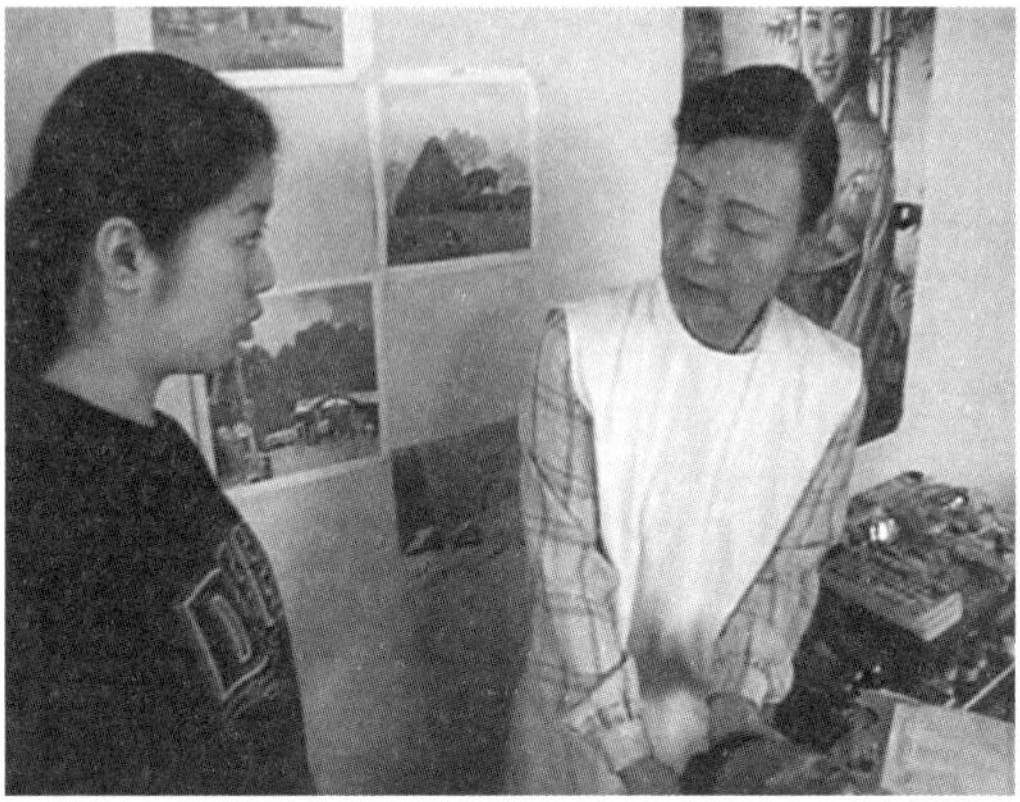

田辺玲奈さんと山根正子さん

山根さんは玲奈さんに血圧測定を頼むほどだった。ネパールでの長い生活を山根さんは取材スタッフにこう述べた。「日本から見ると貧しく見えるけど、みんなおおらかに生きている。生と死が作られたものではなく自然に流れていく時間のなかで無理なく進んでいる。とても楽なんですよね……」生きる意味を問いかける言葉だった。

取材班が撮影した一連の映像を三木市の自宅で見た岩村さんは、「米子の若い女子高生が、わざわざ山根さんのところまで出かけ、その活動を見習っている姿を見ることが出来たのは、私にとってはとても嬉しいことだった」世界に目を向けた若かりし頃の自分の姿を思い出されたようだった。

さらに、取材班はカトマンズ郊外に日本の援助で建てられた点字図書館を取材していた。総工費は約一、〇〇〇万円、その後五年間は毎年一〇〇万円が援助されている。しかし、カトマンズ中心部から遠いうえあまり知られていないこともあって、年間利用者は二五〇人から三〇〇人しかいないという。せっかくのコンピュータールームには何も設備が入ってなく、これからの援助に大きな不安を抱いていた。それが日本の途上国への国際援助の実態だった。

玲奈さん最後の旅日記にはこう書かれてあった。「ネパールでの一〇日間は長いようであっという間だった。ネパールへ行くことが出来てよかった。感謝、感謝！これからの私の道、ビスターレ（ゆっくりと）、ビスターレで歩いていく。ネパール、ダンネバート（ありがとう）」

日本海テレビが海外取材して制作したドキュメンタリーは、一九九八年に放送した前作の「クラウディアからの手紙」に次いで二作目だった。私は、「クラウディアからの手紙」を手掛けた河野信一郎をディレクターに決め、山花康浩カメラマンの二人をネパール取材へ派遣することにした。そして、当時としては破格の番組制作費を予算案に計上した。河野ディレクターは、「ネパールへ三回も取材へ行っていいんですか……」と心配した。実は、前作の「クラウディアからの手紙」では当初の予算案では制作費が足りず、二度も追加予算を申請して役員からこっぴどく叱られた経験があった。ところが、今回の反応はちがった。
「また、素晴らしい作品を作ってほしい。期待しているよ……」まるで別人のようだった。

公開授業講座のゲストは……

番組放送から一一年経った二〇一二年九月二四日、鳥取市にある鳥取大学で一般市民を含めた公開講座が開催された。学外から講師を招き、それぞれの「人生観」を知ってもらうことで自身の生活をより充実したものにしてほしいというのが目的だった。

本名俊正副学長（当時）から協力を依頼され、私はNNNドキュメントで全国放送した「ビスターレ」の河野信一郎ディレクターと主人公の田辺玲奈さんを推薦した。

中学二年生の時に自分の進路を決めて行動した彼女の姿を、是非現役の学生たちにも紹介したかった。実は、玲奈さんは当時、東京都内の武蔵野赤十字病院で看護師をしていたのだ。公開講座には市民を含め一五〇人余りが訪れた。河野ディレクターが番組の主旨などを説明した後、「ビスターレ」が上映された。会場には米子市から駆け付けた玲奈さんの両親の姿もあった。ビスターレの上映が終わった後、一人の女性が階段状の教室の上段からゆっくり降りてきた。誰か分からずみんな怪訝そうな表情である。マイクの前に立った女性が「田辺玲奈です」とあいさつすると会場内はどよめきが起きた。先ほどまで映像で見ていた女性がいきなり目の前に現れたからだ。

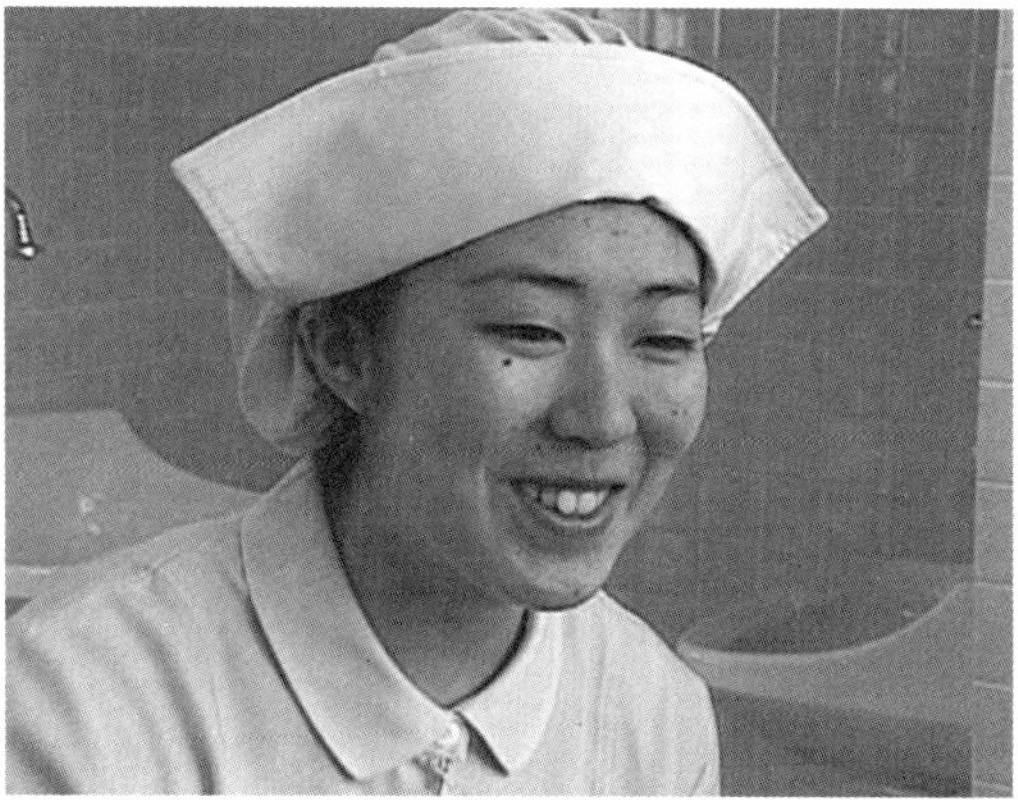
田辺玲奈さん（高校時代）

「会場のみんなを驚かそう……」本名副学長と事前に相談しての演出だった。玲奈さんは中学二年生の時に抱いた「看護師への道」と現在の病院での現実を切々と語った。居眠りする学生は一人もいなかった。ニュース取材に来ていた日本海テレビのインタビューに会場の大学生は「自分にはまだ将来への夢がないのが恥ずかしい……」そんな声を拾っていた。

さらに、昨年（二〇二一）四月のことだった。私は米子市内の加茂公民館から、ドキュメンタリー「クラウディアからの手紙」の講演を依頼された。控室で館長と事前の打ち合わせをしていたところ夫婦が訪ねて来られた。どこか懐かしそうな笑顔で、「お久しぶりです……」誰か分からなかった。「田辺玲奈の親です」一瞬声が出ないほどの驚きだった。鳥取大学での公開講座でお会いして以来のことだった。「地区の公民館便りの催し案内で古川さんの名前を見たので……」深々と頭を下げられた。両親によると、玲奈さんは今も東京都内の別の総合病院で看護師として働いていた。二〇年前、ネパールでさまざまな感染症に苦しむ人たちの姿を目の当たりに見てきた玲奈さん。時を経て、今は日本でコロナウイルスという新たな感染症に苦しむ人たちの手当に追われている。

なぜ賞にこだわるのか……

この作品は各種の番組コンクールで最初に開催される民放連盟賞（全国民間放送の映像祭）で賞を取ることが出来なかった。それなりに自信があっただけにショックだった。「何も賞がもらえなければ期待してくれた会社へ顔向けが出来ない……」私と河野ディレクターがこの作品にかける思いは強かった。ナレーターにはクラウディアの作品でお世話になった石丸謙二郎さんに決めた理由もそこにあった。民間放送の場合、番組放送は通常一回だけである。しかし、番組コンクールで賞を取れば「○○受賞記念番組」として新たな価値が付加され再放送出来るからだ。「心を込め、年月をかけて制作した作品を一人でも多くの視聴者に見てもらいたい……」それが、私たちが賞にこだわる理由だった。数百万円もかけて制作したドキュメンタリーが何も賞を取らなければ一回だけの放送で終わり、後は会社のライブラリー室で眠っているのだ（ちなみにさまざまな賞をいただいた「クラウディアからの手紙」は四～五回放送している）。それからしばらくして、この作品は全国規模のコンクールの一つである「地方の時代映像祭」で審査委員会推賞をいただくことになり、神奈川県川崎市で開催された映像祭表彰式へ出席することができた。ネパールを舞台に一人の女子高校生の目を通して、「医療における国際支援の現実と在り方を考えさせる作品」との評価を得た。海外取材で多大な経費をかけて作ったドキュメンタリーだっただけにホッとした。無冠で終わりたくなかったからだ。しかし、ふと考えた。私のように社会的評価の一つの目安となる〝賞〟にこだわる姿勢についてである。メディアは報じることによって、社会を動かす力になったり、あるいは、たった一人の命を救うことも出来るのだ。制作の軸足は、「制作者目線か、視聴者目線なのか……」今も自身に問い続けている。

受賞歴：「地方の時代映像祭」審査委員会推賞

制作スタッフ

ナレーター　石丸謙二郎
撮　影　山花康浩
編　集　長尾　昌

ディレクター　河野信一郎
プロデューサー　古川重樹
制作・著作　日本海テレビ放送

8

NNNドキュメント'12

鐘の音の響く里で

放送：2012年５月13日

♪夕焼け小焼けで日が暮れて、山のお寺の鐘が鳴る……♪
フォークシンガー小室等さんのやさしい語り口で始まるドキュメンタリー「鐘の音の響く里で」。放送から一〇年の歳月が流れる。日々の暮らしの中で鐘の音を聞く機会や、気に留めることもなくなってしまった。無機質な電子音に比べ、鐘の音はふっと思考の時をもたらす。「誰が鳴らしているのか……」「何か願いでもあるのだろうか……」勝手に思いを巡らす。その小さな想像力が惹きつけるのだろうか。

二〇〇九年の大晦日だった。会社のデスク席で見た大手新聞社（経済紙）の記事が目に留まった。「古里ひとつに鐘のリレー、過疎の町に力強い響き……」。その舞台は、中国山地の奥深い日野郡日南町茶屋の小高い場所にある山寺・常桂寺だった。かつては映画の上映やラジオ体操の会場としても使われ、地元の人たちにはなじみの深い場所である。しかし、二〇〇三年一一月に住職がなくなり、朝夕のときを知らせる鐘が鳴らなくなったのだ。「寂しいね……」そんな声が上がり始めた。日増しに強くなる声を無視できなくなり、寺の近くに住んでいる元中学校長の坪倉博則さん（現・九三歳）が男たちに協力を呼びかけた。翌年、寺に近い大仙谷集落の一四人（四〇～八〇歳代）で「カネナリ会」を結成する。自ら寺の鐘を突き始めたのだ。当時このあたり一帯の山上地区の人口は六五二人、六五歳以

山寺・常桂寺（鳥取県日南町）

上の高齢率は五〇％を超え右肩上がりに増え続けていた。

「インターネットがどんなに普及し、便利になったとしても古里にこだわり続けている人たちがいる、寺の鐘を鳴らし続けることが地域の人々の繋がりを守るメッセージになっている」そう考えた私は河野信一郎ディレクターに声をかけ、沢田一宏カメラマンとのコンビで取材を始めたのだ。鳥取市から日南町山上地区まで、山道を走って片道三時間近くかかった。

「カネナリ会とは……」

「カネナリ会」には決まりがあった。▽一週間交代の当番制▽鐘突きは原則午前六時半ごろと午後五時ごろの二回▽鐘を突く回数は何回でもよい▽都合で鐘がつけなくともよい、など〝ゆる～いルール〟にしてある。みんなの負担にならないように配慮されているのだ。それでも当番で鐘を突く人にはそれぞれにこだわりがあった。縁起を担いで末広がりの八回突く人、鐘を突く間隔は四五秒おきにする人など、実に個性豊かだった。

島根県境に近い山上地区は標高が高く、厳冬期には一メートルを超す雪が積もり氷点下一〇度を超すことも珍しくない。それでも当番の会員は毎日朝夕寺へ行き鐘を突く。時には当番の日を忘れたり、鐘を突く時間を間違えたり失敗もいろいろある。でも、誰も文句は言わない。「一時間早く寺に着いてしまったので、もうひと眠りしてからにしようと家に帰ったら寝過ごしてしまった」笑い話のようなエピソードが盛りだくさんにあった。メンバーが入院すれば他の人が自発的に出番を代わる。今も昔も皆が助

毎日、朝と夕に鐘を突く

け合って生きている。

メンバーの一人は、何かあっても〝おとがめなし〟のカネナリ会のゆるいきまり、つまり〝個〟を尊重したきまりが長く続く秘訣ではないかと話す。山里に響く鐘の音は、コミュニティを大切にした里の文化を守る象徴になっているのだ。集落の人は、鐘の音を聞くだけで誰が当番かが分かるそうだ。微妙な鐘の音や突く回数、鐘を突く間の秒数などそれぞれの個性を敏感に感じ取っているのだ。「○○さん、昨日の朝は鐘を突く時間が少し遅かったね……」「いや、寝坊してね……」それが農作業や道端での楽しい会話になっている。

嬉しい知らせ……

取材にあたって、私と河野ディレクターは少なくとも三年間は取材を続けようと話し合っていた。「みずほの里」のように年月をかけないと、山里で暮らす人々が大切に守り続けている〝心のつながりが描けない〟と思ったからだ。しかし、河野ディレクターからそろそろ作品としてまとめたいという気持ちを受け、NNNドキュメント'12で全国放送したのは取材開始から二年半後の二〇一二年五月一三日だった。

小さな集落での小さな出来事を追ったこの作品も、四季の移ろいの中で住民たちの変わらぬ日常を淡々と追った作品である。夕方に鳴り響く鐘の音は農作業を終える目安になっている。ことさら大きな変化があったわけではない。お互いが助け合うその当たり前の暮らしの中に経済優先、効率優先の現代文明へのアンチテーゼを感じていた。

それは、便利さ、豊かさをごく当たり前のように享受している日々の自分の姿を、〝ふっと顧みる瞬間〟があったからだ。テレビは二四時間放送することが当たり前のことなのか、コンビニは二四時間営業が必要なのか、町を照らすネオンやイルミネーションはどうなのか。そして、ネット社会になって、何よりもスピード性や成果が重視され、手間暇のかかるものは敬遠され、排除されるようになった。歴史的に形成されてきた地方の伝統文化も、文明・科学の近代化の名のもとに強引に押しつぶされているのではないのか。対価を求めるわけでもなく、ごく当たり前のように朝夕ただ鐘を突く村の人たちの姿は、自らの手で「守るべき価値」「守るべき文化」があるのではないのか、その本質を私たちに問いかけるものだった。取り立てて派手なシーンや劇的な出来事があったわけではない。淡々とした日々の生活の繰り返しだった。が、私たち取材スタッフは、「何もないから……」「誰も動かないから……」とただ嘆くだけではない村人たちの思いや生き方を知ってもらいたい、そんな気持ちが強かった。賞を狙った作品ではなかったのだ。

その年の七月、東京で開かれた日本民間放送連盟賞中四国審査会へ応募したところ報道部門で最優秀賞に選ばれ、全国大会でも優秀賞を受賞した。審査員の一人でノンフィクション作家の足立倫行さんは「崩れそうになる地域を、鐘を守ることによって必死で支えている人たちの姿がしっかりと描かれている、今の日本を写している」と論評、私たちの思いを汲み取ったコメントがとても嬉しかった。受賞を記念して夕方のローカル枠で再放送することが決まった。全国放送が深夜の時間帯だったため、番組を見られなかった人たちが多かったのだ。自らの手で地域の繋がりを大切にしようとする村人の心意気を、同じような山間地で暮らす人たちに是非見て欲しかった。こんな動きがあった。作品の舞台となった日南町では当時の町長だった増原聡氏（故）は、七月一一日付けの自身のブログにこう記していた。「嬉しいニュースが飛び込んできました。山上地区を舞台とした日本海テレビ制作の〈鐘の音の響く里で〉が番組コンクールで最優秀賞を受賞しました。これを記念して一六日（月・祝）一六時二〇分から再放送されます。みなさん是非ご覧ください」そのうえ、町内の防災無線でも全世帯へＰＲしてくれたのだ。「カネナリ会」は多くの町民から注目され、常桂寺には週末になると町内外から足を運ぶ人が多くなったと聞いた。

その後も続く「カネナリ会」

ドキュメンタリーの放送から一〇年、「カネナリ会」の結成を呼び掛けた坪倉博則さんは、三年前から米子市郊外の老人ホームで過ごしている。坪倉さんは、私たちが取材を始める前に奥さんを亡くされ独り暮らしだった。老人ホームに入ったのは娘さんが高齢の父親の独り暮らしを心配してのことだった。九三歳になられるがいたって元気で、少しだけの晩酌を楽しみにされている。河野ディレクターが会員の一人から「今もみんなでカネナリ会を守っています」とのメッセージを伝えると坪倉さんは、「夕方の五時ごろになると、ふっと寺の鐘が鳴るころだなぁ～と思ったりする。盆や正月には自宅に帰るけど鐘の音を聞くとやはりいいなぁ～と思うし、突けるように

坪倉博則さん「カネナリ会」

なったらと思うこともある。が、もう叶わぬ願いだ……」

「カネナリ会」の活動は今年の七月で一八年目に入った。会員の平均年齢も七三歳になる。雨の日も風の日も、暖かい時も寒い時も、山里には今日も〝ゴーン〟と力強い鐘の音が朝夕に鳴り響く。人と人との心が繋がる温かい響き、その心地よさが過疎の集落を守っている。

日本海テレビの取材は、今も続いている。

受賞歴：日本民間放送連盟賞番組部門テレビ報道優秀賞
日本民間放送連盟賞中四国地区審査会テレビ報道最優秀賞

制作スタッフ

ナレーター　小室　等
撮　影　沢田一宏
編　集　黒田道則

ディレクター　河野信一郎
プロデューサー　古川重樹
制作・著作　日本海テレビ放送

9

中海再生への歩み
～市民とメディアはどう関わったのか～

初回放送：2020年２月23日

映像は時代を記録した貴重な文化遺産である。〝泳げる中海〟をテーマに市民と地域メディアがスクラムを組んだ二〇年に及ぶ水質改善活動を記録したのがこの作品である。米子市にあるケーブルテレビ局の中海《ちゅうかい》テレビ放送で報道や番組制作の指導をするようになって妙に気になる番組があった。それが「中海《なかうみ》物語」だった。尋ねてみると二〇〇一年から毎月三〇分番組で放送しているという。変貌する中海の歴史とともに汽水湖の生態調査や水質浄化活動に取り組む市民の姿、行政の動きが克明に記録されていた。〝宝の山〟があると直感した。それは、テレビ局の一番の財産である「映像」が残っているからだ。映像は年月を経て文化的価値を高める。それにしても、二〇年前から「中海の環境」に目を向けていた当時の高橋孝之プロデューサー（現代表取締役会長）の眼力に驚き、私の新たな制作意欲を掻き立てた。

「中海物語」誕生の経緯と秘話

鳥取県と島根県にまたがる中海は日本で五番目に広い湖である。

海水と淡水がまじりあう汽水湖で、かつて、赤貝（サルボウガイ）の漁獲高は全国の六

中海（汽水湖）

割を誇るほど豊かな漁場だった。海水浴、釣り、ボートなどレクリエーションの場所としても利用され、沿岸地域の人たちにとっては身近で大切な湖だった。しかし、昭和三〇年代の後半ごろから、合成洗剤による生活排水や農業での化学肥料の増加などによって徐々に水質汚濁が進むようになった。追い打ちをかけたのが、国の食糧政策として昭和三八年にスタートした中海干拓淡水化事業である。中海の五分の一にあたる約二、二三〇haを造成し、さらに湖を淡水化して農業用水を確保しようという巨大国家事業だった。しかし、事業が進むにつれて水質汚濁が一段と進んだことから、沿岸住民を中心にした反対運動はやがて全国的な広がりをみせ二〇〇〇年九月、ついに国家プロジェクトの干拓事業が中止となった。住民パワーによる国の大型公共事業の方針転換は全国に衝撃を与えた。「開発から環境」の時代を迎えたのだ。

地域の活性化には「地域課題に目を向け、市民と共に継続的に取り組む」それが何よりも重要と考えていた当時の番組プロデューサー髙橋孝之氏は、この動きを「中海を市民のために活用出来るチャンス」として捉えた。

二〇〇一年一月、その想いを活かすため中海テレビ放送がスタートさせたのが「中海《なかうみ》物語」だった。月一回放送の三〇分番組で、湖岸でのゴミ拾いや環境学習に励む小学生や市民グループを紹介したり、漁業の実態や水質の変化、沿岸周辺の植物の生態系を調べるなど取材対象は多岐にわたり、一年間の放送で出演した市民は延べ二〇〇人に上った。そして、「中海物語」一二回目の最終回、「中海が住民一人一人にとって貴重な財産であることを再認識し、郷土の象徴として誇れる資源にすべく努力していこう……」とする宣言文を出した。この番組は一年で終わる予定だったのだ。これに待ったをかけた人物がいた。「テレビ朝日」の情報番組・モーニングショーなどで活躍した放送ジャーナリストの故・ばばこういちさんである。翌二〇〇二年二月二七日、ばばさんを迎え米子市内のホテルで第一回中海会議が開催された。経済団体や様々な市民グループの代表ら三〇人が出席した会議だった。しかし、昭和三〇年代までの「美しい中海」を取り戻すための具体的な目標年次が決まらないことに、ばばこういち氏が檄を飛ばした。「皆さんは『五〇年かけないと中海は元に戻れない』というが、では、ここにいる誰がそれを見届けるのか……」その席で、「二〇年で泳げる中海」という当時では無謀とも思えるスローガンが掲げられ「中海物語」は再スタートしたのだ。

この会議に参加していた市民グループの新田ひとみさんはこう振り返る。「ばばさんが〝二〇年で泳げる中海〟にしようと打ち上げられた時には、出席したほとんどの人が〝絶対無理〟だと思っていました。海を汚した倍以上の年数が必要だと思っていたからです。でも、ばばさんは長年の経験から市民活動は目標年次を明確に定め、その目標達成に向けて具体的に行動を起こすことが何よりも重要だと考えていたようで、それをテレビカメラの前で約束させたのが〝ばばさんのパワー〟だったように感じます。ばばさんのあの一言が皆さんの心に〝火〟をつけたのかも知れません」と話す。新田さんもその一人だった。さらに、出席者をメンバーにNPO法人「中海再生プロジェクト」が立ち上げられ、中海テレビ放送内に事務局が置かれた。これまでバラバラに活動していた二〇余の市民団体や個人が一つのネットワークで結集した。思わぬ展開がその後の活動を方向付けることになり、中海テレビ放送は、中断していた「中海物語」の放送を再開することになる。

市民意識の変化

ジュニアヨットクラブの子ども

これまで横の連携が全くなかったグループ活動が一つの団体に結集し明確なスローガンを掲げたことで、「一〇年で泳げる中海」を目標に具体的な動きが始まった。その軸となったのがＮＰＯ法人「中海再生プロジェクト」である。ビデオ制作会社の当時の事務局長を中心に、参加団体の人達が様々な企画を提案し実行に移した。しかも、事務局が中海テレビ放送内に設けられたことで、参加団体との連絡や「中海物語」制作スタッフとの情報共有が一元化できたのは大きかった。当時、中海にあまり関心のない市民や子ども達に呼びかけて始めた「中海体験クルージング」は、夏休みの風物詩として毎年二〇〇名もの親子が参加するようになった。ヨットからの景色は素晴らしいものの、水は濁りヘドロの臭いを感じさせるほどだった。「どうすれば水質は良くなるのか……」それを考える〝環境改善の意識啓発の場〟を新たに設けようと同時開催したのが、米子港近くでの「中海環境フェア」である。毎年、二〇～三〇団体が参加し、中海に生息する魚介類の紹介や合成洗剤と石けんの違いを表示する展示会や、中・高校生による環境調査結果の展示など盛りだくさんのコーナーが設けられ、多くの親子連れを集めた。市民グループの新田ひとみさんは、「この催しによって中海への関心が市民に広がる大きな要因になったと感じている。しかも、中海テレビ放送がすぐ放送してくれるので、友人や知人ら多くの人たちからの反応があることがとても嬉しかった」と当時を振り返る。

さらに、沿岸地域の彦名地区チビッコ環境パトロール隊の結成や湖岸での「中海夕暮れコンサート」といった、ゴミ拾い活動とは別に中海に親近感を抱くようなイベントが定期的に開催されるようになったのだ。

とくに、番組を通して地域に提案した新しい試みが「中海アダプトプログラム」(湖岸を三〇mほどに区切り、市民団体・学校・企業などがそれぞれのエリアを受け持って年に三回清掃する)だった。これは「中海物語」の取材班が水質改善の先進地として訪れた長野県諏訪湖で実践していた環境改善活動の新しい手法にヒントを得たものである。こうした一連の市民活動は、その都度中海テレビのスタッフが取材し「中海物語」で紹介していたことから、放送回数の積み重ねとともに、これまで目をそらしていた人たちが徐々に「中海」に目を向け湖岸に足を運ぶようになったのだ。

「中海再生プロジェクト」の当時の事務局長は、「『中海物語』は中海浄化にスポットが当たっていなかった人たちを紹介することで、多くの市民に中海への関心を高めて欲しいという気持ちが強かった。なかでも、正月特番として行ったテレビ討論会では、ばばこういちさんを迎え、三〇人の市民と二時間近く語り合ったりしたが、ばばさんからの温かい言葉や叱咤激励が出演した市民の大きな励みになっていた。そして、それぞれの出演者の発言はテレビを通じて視聴者との約束〝マニフェスト〟となって、引き下がれなくなっていった」と当時を振り返る。

さらに、二〇〇四年にアジア太平洋環境会議（エコアジア）が米子市で開催されたこと、二〇〇五年には中海・宍道湖ラムサール条約（国際的に重要な湿地に関する条約）登録といった相次ぐ出来事が、〝環境重視〟の流れを後押しした。やがて様子見だった行政も活動に加わるようになり、二〇〇六年の鳥取・島根両県による湖岸での一斉清掃活動には両県知事をはじめ住民七、〇〇〇人余りが参加し、以降毎年行われるようになった。

「中海物語」の上田和泉リポーターはその当時の様子をこう述べた。「米子港の沖合の船上で取材していましたが、湖岸に近づくにつれずらっと人が並び、一生懸命ゴミ拾いをしている様子がよく分りました。あの光景は今も鮮明に心に残っていて感動しました。これは一〇年で泳げるようになるかも知れない」と確信したのを覚えています。

ヨットスクールの子どもたちが自主的に始めた護岸でのゴミ拾いが、やがて数千人規模の一大イベントに成長し、「中海をもっときれいにしたい……」「美しい水辺を取り戻そう……」という〝共通の思い〟は、湖面に広がる波紋のように大きな輪となって広がっていったのだ。

私は、「中海物語」で一九年間に渡って撮影された数々の映像を見るにつれ、中海テレビ放送が地域課題に目を向け、市民グループの活動と足並みをそろえて取り組んでいること、いや、むしろ主体的に活動を展開し、掲げた明確な目標が実現するまで放送を続け支援するという地域メディアの〝建設的姿勢〟に、新しい地域ジャーナリズムの実践を見る思いだった。

「二〇年で泳げる中海」実現へ……

「中海再生プロジェクト」が発足して一〇年目にあたる二〇一一年六月二六日、ついに「泳げる中海」を象徴する中海オープンウォータースイム開催にこぎつけた。オープンウォータースイムは競泳の一種だが、プールで行うのではなく海や川、湖といった自然の中で三km、五km、一〇kmといった長い距離を泳ぐ競技である。オリンピックでは二〇〇八年の北京大会から正式種目にされた、比較的新しい競技だった。

この大会誘致を仕掛けたのが、「中海物語」当時の番組プロデューサー高橋孝之氏である。当時の思いを次のように語った。「きたない、臭いと言われた中海が〝泳げる中海〟に蘇ったことを多くの人達に知ってもらうには、全国クラスの大会がどうしても必要」だと考えていた。そこで、日本水泳連盟と協議し、役員に中海を視察してもらうなど事前準備を進めていたのだ。

気になる水質も島根大学生物資源科学部に協力を依頼した結果、実際に泳ぐ水面付近で水質ランクC「なんとか泳げる」という判定が出て、念願の大会開催にこぎつけた。「中海物語」番組リポーターの上田和泉記者は当時のことをこう述懐している。「中海を取り巻く

中海オープンウォータースイム

状況が好転するにつれ〝泳げる中海〟へ向かう私たちの背中が押されるような感覚でした。ただ、大会直前に島根大学が行った水質調査の結果は、冷や冷やしながら聞いたことを覚えています。オープンウォータースイムを無事開催することが出来て大きな達成感と共に、これからの活動継続の原動力となりました」

大会当日は、当時日本水泳連盟の理事の鈴木大地さん（前スポーツ庁長官でソウル五輪の金メダリスト）も会場にかけつけた。参加したスイマーは男女七一名、鳥取島根両県を中心に神奈川県や愛知県からの参加もあった。中海に設けた三㎞のコースを早い人で四五分、遅い人で九〇分で無事全員が泳ぎ切った。選手からは「思った以上にきれいだった」「臭いはなかった」といった声が聞かれた。スターターを担当した鈴木大地さんは大会の印象についてこう述べた。「会場が米子市内に近いという立地条件と景観の素晴らしさ、そして、何よりも市民の熱意と手作り感にあふれた大会だった」

しかし、この会場に〝二〇一〇年で泳げる中海〟を真っ先に訴え、その後もたびたび米子市にやって来て市民活動を引っ張ってきた、ばばこういちさんの姿はなかった。ばばさんはこの大会の一年前、二〇一〇年四月九日に腎不全で亡くなっていたのだ。七七歳だった。行政に依存することなく、市民と地域メディアがスクラムを組んで突き進む中海の水質浄化運動を何よりも高く評価していたばばさん、逗子市の海辺にあるマンションの仏壇には、中海再生プロジェクトのシンボルバッチが今も大切に供えられている。

私たちの番組インタビューに夫人の美耶子さんはこう述べた。「ばばだって〝二〇一〇年で泳げる中海〟が本当に実現するなんて思ってもいなかったと思う。無理な課題を掲げて〝出席者の心に火をつける〟やり方はあの人の昔ながらの手法だ。それを米子の人たちが本当にやり遂げたことは称賛ものだし、あの人もきっと驚き、喜んでいると思うよ」中海をこよなく愛したばばさんは、太平洋が望める三浦半島の小高い山の上の墓地に眠っている。

「ギャラクシー賞報道活動部門」で初の大賞

映像は時代を記録した貴重な遺産である。五年前より一〇年前、一〇年前より二〇年前の映像の方が価値ははるかに高い。放送が終わった後、そのまま社内に眠っている映像素材こそ、実は「地域の宝」であり「文化的遺産」でもある。「環境改善」をテーマに長年に渡って放送を続けている中海テレビ放送の「中海物語」こそ、市民や地域にとっての貴重な映像記録なのだ。「放送済みで社内に保管されている膨大な映像を是非とも活かしたい」

横木俊司プロデューサー（中海テレビ放送）や鷲見衆ディレクター（山陰ビデオシステム）と試行錯誤しながら生まれたドキュメンタリーが、「中海再生への歩み ～市民と地域メディアはどう関わったのか～」（六〇分番組）である。そのコンセプトは、〝地域メディアが市民のコミュニティーと向き合い、地域課題解決に目を向けて共に行動する〟ことにある。編集段階で、一九年間に及ぶ「中海物語」の放送回数は実に二二八回に及んでいた。私たちはその数々の貴重な映像をベースにしながら、かつて水質改善活動の手法を学んだ諏訪湖や、市民活動をリードしたばばこういちさんが住んでいた神奈川県逗子市の自宅などを追加取材して六〇分番組に再構築した。「中海物語」で紹介した一九年に及ぶ一連の活

ギャラクシー賞トロフィー持つ制作スタッフ

動の様子を、一本の作品にしてより分かりやすく視聴者へ伝えるためだった。そして、中海テレビ放送開局三〇周年記念特別番組として、二〇一九年一一月一日に鳥取県西部地区内の八市町村をエリアに放送した。

その後、私が尊敬する放送ジャーナリストの勧めもあって第五七回ギャラクシー賞報道活動部門に応募したところ、最終選考の六作品（五作品はＮＨＫと民放）の一本に選ばれた。そして、審査結果は二〇二〇年七月二日、コロナ禍のため動画投稿サイトＹｏｕＴｕｂｅで発表され、中海テレビの作品が「大賞」に選ばれたのだ。ＮＨＫや民間放送以外のケーブルテレビ局の大賞受賞は五七回の歴史上で初めてのことで、全国のメディア関係者の話題となった。報道活動部門委員長で東京大学准教授の丹羽美之氏は「放送局と市民が一緒になって地域課題を解決するこの画期的な〈中海方式〉は、これからの地域メディアの未来を力強く指し示している」と論評。さらに、副委員長で「地方の時代映像祭」プロデューサーの市村元氏は「市民と行政を巻き込んで地域の在り方を考える機会を提供した。人と人とを結びつけて力を生み出すという地域メディアの見本のような取り組みだ」と称賛した。さらに、二〇二一年秋にはフジテレビから「この作品を関東ローカルで放送したい」との声がかかった。編成局責任者から強い要望があったようで系列局以外の放送局で、しかもケーブル局の番組を放送するのは極めて異例のケースだと聞いた。地上波のフジテレビからの放送の申し出は、〝コンテンツ重視〟の新しい時代の放送の在り方を予感させた。

「新たな地域ジャーナリズムの展開」

地域メディアはニュースや番組を通して人々に〝気付き、知恵、感動〟を与え、行動を促すことができる。人々の意識が芽生えることによって、心豊かな生活や優れた文化を生み魅力的な社会を創り出すことに繋がる。したがって、全国的なマスメディアでは手の届かない地域ならではの問題解決にその存在は欠かせない。特に、今はコロナ禍にあって大都市に期待し目標とするのではなく、自らの地域の価値を見出し、環境に配慮した文化的地域を新たに創造する時代を迎えているからだ。

このことは、単一の番組だけでは完結しない調査報道やキャンペーン報道、それを地域住民と連動しながら一つのテーマにこだわり続ける地域メディアの熱意と姿勢は、送り手側のメディア自身が視聴者側の住民から問われているのだ。権力批判や問題提起しか報じないメディアは、やがて視聴者から見放され信頼を失うことになる。地域課題や地域再生に目を向け、住民とともにその方向性や解決までのプロセスを報じていくことによって、地域メディアの存在価値はより高まるはずだ。一九年に及ぶ「中海物語」の継続放送がそのことをより具体的に示している。髙橋氏はこう振り返る。「目的意識を持ったメディアと住民が足並みをそろえて課題の解決に動いたことで、最後に行政も後押しするように動いた。住民主体のこの流れこそが息の長い環境保護運動に繋がっている」と。中海で練習する子どもたちのヨットにゴミが引っ掛かって船が走らないことがあったことからスタートした小さなゴミ拾いは、やがて番組に出演した市民グループの人達によって大きな輪となって広がった。さらに、地域や学校での環境教育や環境学習といった独自の活動に繋がることで、沿岸の人達の意識や生活をも変え始めた。市民グループの新田ひとみさんは「活動に参加しているうちに多くの参加者が、それぞれの家庭内でも汚れた水を流さないように自分たちなりのやり方で実践するようになっていった。家庭から学校や地域へ、さらに親から子へ、そして孫へ、と世代を超えて広がり始めている。〝泳げる中海〟を目標とした市民による実践活動そのものが『環境教育』『環境学習』の実践の場になっている」と指摘する。そして、こう付け加えた。「活動の様子をその都度テレビで放送するので参加者の励みにもなっている、時にはスタジオで出演者が討論することもあるが、番組内でしゃべったことは〝視聴者との約束〟になるのでどうしても実行せざるを得なくなってしまった」私はそれが市民と地域メディア、さらに行政を巻き込んでの信頼関係に基づく〝協働性〟だと思っている。豊かな自然、大切な水を守ろうとする身近な環境保護の思想が〝地域の文化〟として地元の人達に根付き、その輪が大きく広がっていったのである。地域メディアが地域内での難題を乗り越えるにあたって必要なのは、住民目線を尊重し共に行動し目的や期限を明確にすること、そして、決してあきらめない粘り強さである。地域メディアに属する私たちは、一方で生活者としても地域で暮らしている。その為には、従来の公平・中立・客観的といったやや傍観者的な立ち位置から一歩踏み出し、住民側（弱者）に寄り添った新たなジャーナリズムが求められている。ソーシャルメディアが活発化し衝撃的で一過性の情報があふれる中で、それはメディア自らが課題解決の道筋を示す〝当事者性の建設的ジャーナリズム〟（コンストラクティブジャーナリズム）に他ならない。

〝自然環境を活かした地域の文化的価値をどう高めるのか〟中海では、米子港周辺を核とした地域で大掛かりな再開発計画が浮上している。その根底にあるのは、人間重視の経済学を提唱しノーベル賞候補と言われた米子市出身の経済学者、宇沢弘文氏の「社会的共通資本」の思想を活かした〝人間的に魅力ある新しい街づくり〟への試みである。二一年目に入った「中海物語」は次の時代の新しいテーマに向け動き出そうとしている。

受賞歴：第五七回ギャラクシー賞報道活動部門大賞
第四六回日本ケーブルテレビ大賞　パブリック・ジャーナリズム特別賞
第四〇回地方の時代映像祭選奨（ケーブルテレビ部門）

制作スタッフ

ナレーター　東馬紀江
撮　影　田中寛進（SVS：山陰ビデオシステム）
編　集　鷲見　衆（SVS：山陰ビデオシステム）
企　画　高橋孝之

ディレクター　鷲見　衆
プロデューサー　横木俊司
アドバイザー　古川重樹
制作・著作　中海テレビ放送
協　力　SVS（山陰ビデオシステム）

10

NNNドキュメント‘87

生命ふたたび ～骨髄移植への道～

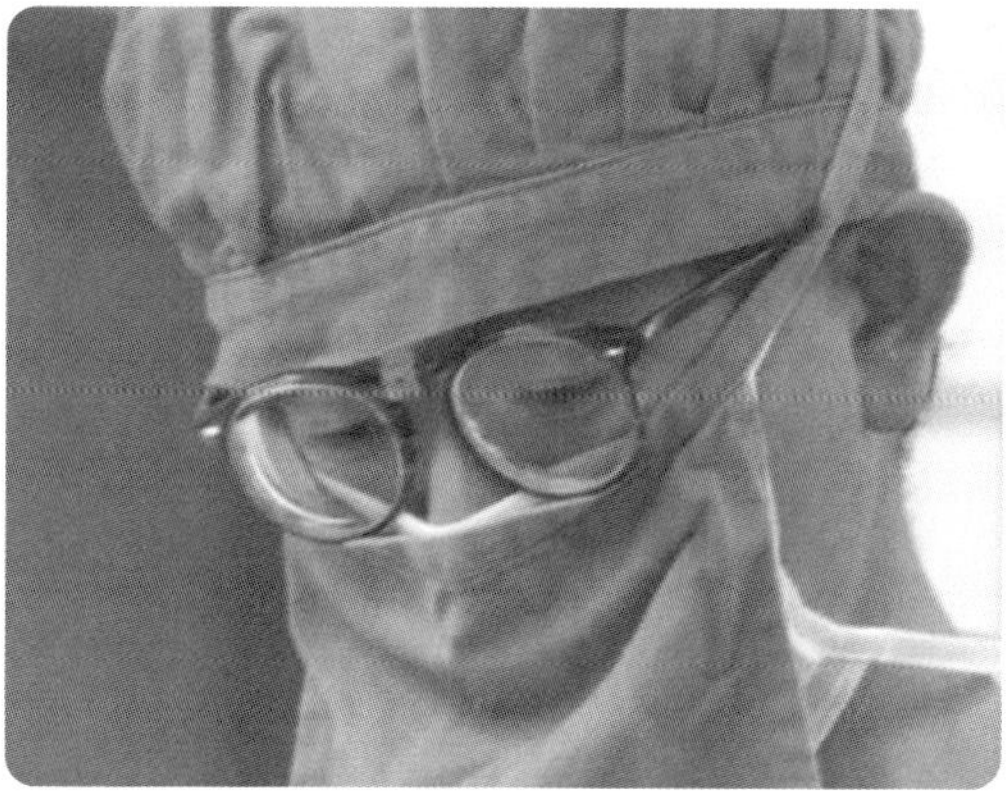

放送：1987年10月４日

大谷恭一医師

人に頼るしか助かるすべのない臓器移植に着目した時期があった。それは前年に制作した「生命の絆～腎臓移植の明日～」の放送後の社会的反響が大きかったことがきっかけだった。舞台は同じ鳥取市の県立中央病院である。前作の取材で二年近く病院へ通い詰めたことから、院内の多くの医師と出会うことが出来た。日常の何気ない会話のやりとりの中で、ニュースやドキュメンタリーに興味を抱いている医師が案外多くいることを知った。当時、病院側が記者会見でもセットしない限り、メディア関係者が病院で独自に取材することはほとんどなかった。その意味で、ここは私たち日本海テレビの独壇場でもあった。当時、漫画やテレビのアニメで人気だった鉄腕アトムのお茶の水博士の風貌によく似た医師がいた。小児科医の大谷恭一医師である。毎週放送の日本海テレビの制作番組「幼児の世界」に出演されていて、軽妙で分かりやすい語り口は若いお母さん方に人気があった。

初の骨髄移植手術へ

その大谷医師が、この病院で初めて白血病患者の骨髄移植を手掛けようとしていることを知った。当時、骨髄移植を手掛けている病院は全国でもそう多くなかった。折しも次の作品のテーマを探していたこともあって、私は臓器移植の第二弾としてドキュメンタリーにしたいと考えた。大谷医師主導の骨髄チームは兵庫県西宮市の兵庫医科大学の指導を仰ぎながら準備を重ね、一九八七年五月二二日、一七歳の女性に二四歳の姉からの骨髄移植が行われ成功させた。山陰の病院では初めてのことだった。密着取材していた私たちはその一連の経過を一九八七年一〇月四日にＮＮＮドキュメントで全国放送した。この作品は大谷医師が担当する患者で、骨髄移植を待ち望みながら亡くなってしまった三歳の幼児の姿を盛り込みながら、腎移植と同様に肉親に頼るしかない移植医療の厳しい現実と苦闘する医師の姿を描いた作品である。それにしても医療ドキュメンタリーの反響は早い。前作の「生命の絆」の時と同じように放送後は電話が相次いだ。その中で一人の男性からの電話が私の心に響いた。「六歳になる息子が急性骨髄性白血病と診断され、医師からは化学療

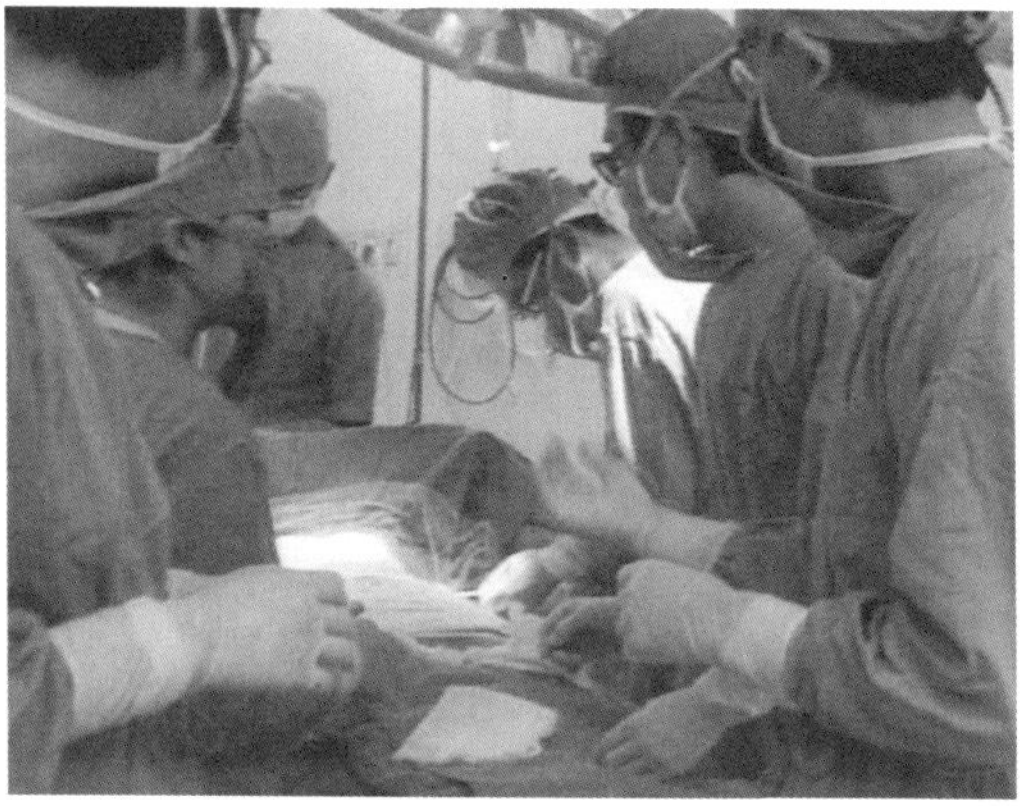

鳥取県立中央病院での骨髄移植手術

法を続けるしかないと言われている。しかし、偶然にみたテレビ番組で初めて骨髄移植のことを知った。何としても息子を救いたい」涙声で言葉を詰まらせながらも、冷静に息子の病状を訴える男性は札幌市在住だった。北海道内でも骨髄移植を行っている病院は少なかったのだ。北海道内のテレビ局や日本テレビへ電話を入れて、やっと日本海テレビの古川さんへたどり着いたとのことだった。子を思う父親の姿を思い浮かべながら、電話でのやりとりは一時間近くに及んだ。私が、「取材でお世話になった大谷医師に貴方のことをきちんと伝えておくので、明日電話を入れて直接相談してみてください。きちんと対応してくださる方です」と伝えると、何度も何度もお礼を言われた。

それから数か月過ぎたある日、大谷医師から「医局へ来てほしい……」突然の電話だった。

訪ねてみると医局の前に一人立っていた私と同年代の男性から「日本海テレビの古川さんでしょうか」と声をかけられた。驚く私に向かって「私は札幌市のＭ・Ｎです。顔を見て直接お礼を言いたくてやって来ました」と言って深々と頭を下げられた。その声で思い出した。札幌市から子どものことで長い電話をされた方だ。その人によれば、翌日に電話を入れた大谷医師から、地理的にも便利で症例数も多く指導を仰いだ兵庫医科大学（西宮市）の医師を紹介された。そこで血液のＨＬＡ検査の結果、幸いにも実兄と適合したことから札幌市内の病院から兵庫医科大学へ転院して骨髄移植を受けたとのことだった。骨髄移植は成功し容体も回復して今日が退院の日だった。大阪空港から夕方の便で家内や息子と北海道へ帰るが、その前に大谷医師と私に直接会ってお礼が言いたいとわざわざとんぼ返りで病院へ来られたのだった。「当たり前のことをしただけなのに、ここまで感謝されるとは……」頭が下がる思いだった。

二七年目の再会へ

これが縁となって私たちの交流が始まった。毎年、北海道と鳥取の特産品を贈り合うようになり、顔を知らない家内同士も電話で長話をしたりするようになった。「いつかはお目にかかりたいですね……」それが毎年の電話でのやりとりだった。互いに電話は途切れることなく二七年の歳月が流れた。二〇一四年七月二〇日の朝、札幌市内のホテルで双方の夫婦そろっての対面が実現した。骨髄移植を受けた息子さんは、二年前に結婚した奥さんを連れてきてくれた。「あのドキュメンタリーを見なかったら、そして、古川さんに電話をかけなかったら今の息子の姿はありませんでした。私たちには命の恩人なんです」涙がとめどなく溢れ、返す言葉が思いつかなかった。息子さんと結婚された女性は看護師をされていて、両親から骨髄移植のことも全て話を聞いてのことだった。今、その息子さんは三人の子どもの父親として幸せな家庭生活を送っている。

一本のドキュメンタリーがもたらした〝二七年目の再会〟、まるでドラマかと錯覚するほどだった。メディアは〝たった一人〟でも命を救うきっかけを作ったり、あるいは新たな希望や幸せを感じてもらえることが出来るのだ。この作品は残念ながら番組コンクールで賞を取ることは出来なかった。私の力不足だった。しかし、私には長いドキュメンタリー人生で決して忘れることのない、いや、むしろ誇りに思える作品だと感じている。札幌でのあの家族同士の再会から八年、鳥取と札幌との電話交流は今も続いている。そして、大谷医師は今、過疎地病院の一人小児科医として子どもたちの成育医療・地域医療を担っている。

制作スタッフ

ナレーター　岡部政明
撮　　影　金田達実
　　　　　福田道彦
編　　集　長尾　昌

ディレクター　古川重樹
プロデューサー　尾崎良一
制作・著作　日本海テレビ放送

発刊に寄せて

元日本海テレビ　報道制作局次長　金田　達実

この度は「映像で伝える時代へのメッセージ」の発刊を迎えられたことに心よりお祝い申し上げます。

三年後輩の私は古川さんと八年間、ドキュメンタリー制作を共にしてきました。それまで私は、事件や国鉄民営化、中海淡水化問題等、告発型のドキュメンタリーを担当していました。古川さんとは医療や地域福祉など主にヒューマン、人間の生き方に視点を置き、その時代を切り取り、問題提起やメッセージを伝えていくものでした。

当時の日本海テレビの故・尾﨑良一プロデューサーは「ドキュメンタリー制作者の視座には人間としてのやさしさ、あたたかさが根底に流れていなければならない」と強調されていました。深い人間観察ができる古川さんが追い求める映像記録の原点もそこにあると信じつつ、レンズを覗いていたことが思い出されます。

人の生きざまを映像で表現することはたやすくはありません。そのためには取材される側との信頼関係が絶対条件でした。そこには人を引き付ける接し方や人柄など、古川さんの人徳がいつも番組づくりを支えていました。それによって番組テーマの最終兵器ともいえる何気ないことば、何気ない表情を引き出すこともできました。

そもそも日本海テレビのドキュメンタリーは長期継続取材が特徴でした。素材を等身大に見つめ、腰を据えて映像と音声でしっかりと表現する手法です。八年にわたって二人だけで現場取材が順調にできたのも、我々も絶対的信頼関係で成り立っていたのでしょう。

ローカルジャーナリズムとして覇気を継続できたのは、様々な番組コンクールでの受賞でした。審査会場で受賞が決まった瞬間の古川さんは感情を抑えながらのVサイン。ローカル局ならではのテーマを独自の切り口で全国発信し、高評価を受け続けることがプレッシャーの中にあっても制作意欲の高揚に繋がっていたのでしょう。私も系列を越えた各局カメラマンなどから多くのリアクションがあり、励みにもなりました。このような機会を与えていただき感謝しています。

古川さんのドキュメンタリー制作に対する熱意と意欲の根底には古川流、あるいは古川イズムともいえる拘りが、高評価や大きな反響をよび結果として残っています。

古川さんの長年にわたる功績に対し、改めて敬意を表しますとともに、生涯現役として、今後も後進とともにさまざまな問題に真正面から取り組み、メッセージを送り続けていかれるよう期待しています。

発刊に寄せて

日本海テレビ報道制作局　河野信一郎

「映像で伝える時代へのメッセージ」ご発刊、おめでとうございます。

私のドキュメント制作全てで、取材スタートから本放送までプロデューサーとして引っ張っていって下さったのが古川さんです。特に「クラウディアからの手紙」制作は、一生忘れることの出来ないものとなりました。

一九九六年秋、中学校の恩師を取材中に「終戦直後、朝鮮半島で行方が分からなくなっていた男性（蜂谷弥三郎さん＝恩師の教え子の父親）の所在が分かり、来年三月五〇年ぶりに家族の元へ帰ってくるのを知ってるか？」と驚くような話をしてくれました。帰社してすぐに当時報道部のデスクだった古川さんに話すと、「ドキュメントになる！取材出来るよう交渉を始めなさい！」私にとって初めてのドキュメンタリー「クラウディアからの手紙」取材の始まりでした。

翌年の三月。弥三郎さんと日本で夫の帰りを待つ久子さんとの駅頭での感動的な再会が実現します。この時、列車内の弥三郎さんを撮影するカメラと、駅頭で待ちわびている久子さんを撮影するカメラ、二台を出そう、と即断したのも古川さんでした。その後、ロシアのクラウディアさんの手紙に「他人の不幸の上に、自分の幸せを築くことは出来ません」という一文を見つけ、これが今回のテーマに繋がる、と古川さんが道筋をつけてくださいました。そして一九九八年三月、古川さんから背中を押された私は、シベリアの片田舎プログレス村でクラウディアさんに会うことが出来たのです。クラウディアさんの思いを伝えるにはどのようにしたらよいのか。二人が生まれた七〇数年前まで遡り、時代背景や周りの人々、そして戦争に翻弄されていく二人。行方知れずの弥三郎さんと離れ離れになった日本の家族。数奇な運命が出会い離れていく。証言を探し続けそれを紡いでいく作業が続く中、なかなか主題に近づくことが出来ない日々、助けてくれたのが古川さんの言葉でした。「時間を自由に行き来出来るのがドキュメント」。主題が鮮明になっていく過程、ドキュメンタリーとしての形となっていく時間、「クラウディアからの手紙」が出来上がった時、私はドキュメンタリー作りから抜け出せなくなっていたのです。

古川さんの本質を見極めて引っ張っていくプロデュース力が、その後の「クラウディアの祈り」「ビスターレ」「鐘の音の響く里で」の作品に繋がったのです。

古川さんの作品の根底にある「人として普遍的なもの」をもう一度、見つめ直してみたいと思っています。

発刊に寄せて

県議会議員／元・日本海テレビアナウンサー　福浜　隆宏

「浜ちゃん！　せっかくテレビ局に入ったなら、〝オレはこれを残した〟と胸を張っていえるモノを一つで良いから創れ。アナウンサーだからといって遠慮せず番組を創れ！」

一九八八（昭和六三）年、私が日本海テレビに入社して半年経った頃。突然、古川さんから「昼飯を食いに行こう！」と誘われ、近くの小料理屋で投げかけられた言葉である。当時の古川さんは、報道部の一七年先輩で四〇歳。米子支社記者時代にスクープを連発。鳥取本社に異動後は、県政記者を担当しながらドキュメンタリー番組の制作に当たり数々の賞を受ける、文字通り日本海テレビ報道部のエースという存在だった。そんな古川さんがなぜ駆け出しの私に目をかけたのかは今以て定かではないが、大先輩であり、花形記者を前に緊張しまくりの私への一言は、ずっと私の脳裏に刻まれることになった。

古川さんとの繋がりが太くなったのは一〇年後の一九九八年。私が夕方ニュースのメインキャスターに抜擢されてから。古川さんは当時、ニュース番組を構築するメインデスクで、暇さえあればテレビジャーナリストとしての心構えを説いてくださった。この関係性は、古川さんが報道部長になられてからも含めると、実に一二年間にも及んだ。

「どんなニュースも、三つの要素が大切。タイムリー性と普遍性と先見性。なぜこの出来事を今報道するのか？全国につながる普遍性があるか？未来を創造する要素はあるか？絶えずこの視点でキャスターコメントを考え、特集を創れば、いつかは番組が出来る」

二〇〇九年、ギャラクシー賞報道活動部門「大賞」をはじめ数々の賞をいただいた「校庭芝生化キャンペーン報道」は、古川さんがいなければ決して生まれなかった。メインキャスターを担当しながら取材に行くなど普通では考えられない。しかし芝生取材をただの一度として「やめろ」とは言われなかった。むしろ背中を押してくださったのだ。

その期待に応えようと、二〇〇四年にスタートした「校庭芝生化」取材は、気づけば五年目に突入。ニュース特集は二三本を数え、まとめる形で「番組」を創ったのだった。

古川さんとの繋がりは今も続いている。全く変わらないのは、テレビジャーナリズムが社会に与える影響力を、誰よりも信じ、今なお最前線で奮闘する行動力。そして自らの経験を惜しみなく後輩たちに伝える熱き魂である。『生涯現役！』この言葉をまさに具現化する古川さんは、私にとって人生の師である。

あとがき

一人の人間と出会い、記録してゆくとき、心揺さぶられる瞬間がある。

それは、ふっと耳にした何気ないつぶやきであったり、あるいは予想もつかないような言葉であったり、行動であったりとかさまざまだが、私はその瞬間に魅せられていくつかのドキュメンタリーを手掛けてきた。人間ドラマはそれぞれに個性があり、決して同じではない。時を縦糸に、人を横糸に、どう紡げば〝時代を映す重厚なドラマ〟に仕上がるかを考え続けた。それは制作者の旺盛な好奇心と一途なこだわりから生まれるものである。

そこで、日本海テレビ時代と中海テレビ放送時代に手掛けた作品群の中から一〇本を選び、「わたし流実践論」として活字に残すことにした。特に理由があって選んだわけではない。が、改めて作品の内訳を見ると、臓器移植、在宅福祉、町づくり、環境・教育、人間愛、経済学、国際貢献と多岐にわたっている。全国的に見てもドキュメンタリストの作風はさまざまで、公害とか原発とか農業問題とか特定の分野にこだわるスペシャリストも多くいる。しかし、私は地域におけるテーマの多様性に重点を置いた。関心を抱くすそ野が広く、あれもこれもと食いついたからだ。その歴史を振り返ってみると、それぞれの時代に〝生涯忘れることの出来ない〟人との出会いがあった。

尾﨑良一（故）さん。日本海テレビへ入社（一九七一年）した時からの上司だった。初めてドキュメンタリーにチャレンジしたのも当時報道部長をされていた時だった。「ふるさとの人」という新番組を立ちあげるにあたって日本海テレビの社報（一九六六年一二月発行）にこんな下りがある。「人、さまざま。いろいろの人生がある。栄光に満ち溢れた人生もあれば、苦難に満ちた人生もある。報いられない悲しい人生もある。その中にあってこの道ひとすじに生き抜く人たちに視点をあて、映像が持つ臨場性によって親近感を与えながら構成し地域に密着したローカル番組を制作したい」つまり、〝人間像を浮き彫りにしながら時代と社会を描く〟それが番組制作における尾﨑イズムであり、尾﨑さんの心の世界だった。こんなこともあった。かなりの金額の番組制作費が不足し、恐る恐る相談した時があった。尾﨑さんの返答は、「古川よ、それで作品が良くなるのだろう。金は天下の回りものよ……」経費削減、業務の効率化が至上命題にあって、その一言は我が耳を疑ったくらいだった。「尾﨑さんの心を継承したい……」私の番組作りはそんな個人的気持ちが強かった。

同じ時代に一緒だったのが日本テレビ報道部の長尾昌（故）さん。ドキュメンタリー番組の編集一筋に歩む伝説的な職人だった。年齢がちょうど一回り上のネズミ年の大先輩だが、〝しつこさ、こだわりの強さ〟は互いに認め合う共通点だった。

戦時下のソ連でトルストイ的な〝永遠の愛〟を描いた名作として全国的に高い評価を得た、「クラウディアからの手紙」の編集を手掛けてくれたのも長尾さんだった。やさしさとか温かさ、悲しみとか怒り、「揺れ動く人の心をどう映像化するか」にこだわる編集マンだった。ともすれば安易に考えがちな数秒のワンカットの映像、その価値を学んだ。

「編集マンは料理人と同じようなものなんだ。カメラマンが撮影した素材（映像）が良くなければ、見栄えも良くて満足してもらえる美味しい料理は決して出来ない。でも、いくら素材が良くなくてもそれなりの料理に見せるのが自分の仕事なんだ」私たちはそれを「長尾マジック」（映像の魔術師）と呼んでいた。

もう一人は、中海テレビ放送代表取締役会長（現）の高橋孝之氏である。日本海テレビ放送退職後の二〇一五年から、米子市の中海テレビ放送（ケーブルテレビ局）でニュースや番組制作の指導に当たるようになったのは高橋氏からの誘いだった。中海テレビの創業者の一人でもある高橋氏には今も語り継がれているスピーチがある。それは一九八四年の会社設立総会のことで、出席した一七〇人の出資者にこう述べたのだ。「このテレビ会社はお金の配当は難しいです。が、テレビ放送による〝文化の配当〟で地域へ貢献します」その思想は情報インフラとして〝地域情報重視〟の情報化時代を見据えた先見性と洞察力から生まれたものだった。「地域に役立つメディアでありたい」その手段として地域情報重視の理念は開局三三年目を迎える中海テレビ放送で今も引き継がれている。その高橋氏は二〇一九年に第四五回「放送文化基金賞」を受賞した。全国のケーブルテレビ界で初の受賞だった。三〇年間にわたり地域にこだわり、地域住民との協働による番組作りでケーブルテレビ界をリードしてきたことがメディア界から高く評価されたのだ。地域文化創造のプロデューサーとしても志の高い高橋氏との出会いが、私のジャーナリズム精神の新たな境地を開くものだった。

それは、地域メディアの本来の役割は「地域内のさまざまな課題に目を向け、住民に寄り添いながら共に行動し社会を動かす大きな力になる」という実践を中海の水質改善運動で体験したことだった。公平・中立・客観性といった本来の報道姿勢から一歩踏み込んだ、より建設的な「問題解決型ジャーナリズム」である。メディアの主体性、自律性を失うものではない限り、地域密着型の強いメディアであればこそ報道の目指す方向性の一つだと考えるようになったのだ。社会が希求する問題に目を向け、「表に出てこない情報を明らかにし、課題解決に向けての知識を共有しながら解決への道筋を提示する」。それが、地域に根差したローカルジャーナリズムの社会的使命である。身近な地域の中で探り出したテーマを至近距離で取材し続けていく姿勢である。住民や生活者の側に軸足を置き、しっかり根付いて取材を続けることが必然的に長期間にわたってテーマを追い続けることになる。ドキュメンタリーの持つ「重量感や訴求力」はその長期取材から生まれるのだ。

私のドキュメンタリー人生を振り返ってみるにとにかく無駄の多い取材の連続だった。取材テープは増える一方で整理に追われた。ただ、その膨大な無駄の中から〝キラリと光る瞬間〟が必ずやってくる。そう信じて一年、二年と取材を続けるのだ。それに比べ現代社会で求められるのは「スピードと結果」である。過程はほとんど無視されている。ドキュメンタリーの世界に置き換えてみれば最も重要なのは日々の取材、つまり「過程」なのだ。日々の努力無くして結果は伴わない。私が手掛けた作品群を振り返ってみるに日々の取材が充分に出来ていなかった作品の評価は当然のように低かった。「膨大なる無駄の中に価値を見出す」それが映像の最大の持ち味なのだ。

私ども制作者に求められるのは、豊かな感性を育む「旺盛な好奇心」と「時代を読む力」

そして「あきらめない心の強さ」にある。そのうえで、人と人との心を繋ぐヒューマンネットワークが私にはかけがえのない財産となっている。

カネやモノより人間重視の「心の時代」がやってきている中で、人々の足元をみつめ身近な地域の動向や問題点を照らし出す地域メディアの役割はますます重要視されるだろう。それは、若い世代を中心に暮らしやすい環境とか家族とかコミュニティとか、身近な生活を大切にする生き方を求める人たちが増えているからだ。その価値観の変化の中から時代を見据えた新しいテーマが見えて来そうな気がしている。創造力なくして新しい時代への希望は見えない、その希望がもたらすのは〝明日への力〟である。


（追記）

「私が手掛けた作品を〝自分史〟としてまとめておきたい」そんな個人的思いだったのが日本海テレビや中海テレビの関係者らの協力によって年甲斐もなく心を動かされ出版に至った。映像の世界で生きてきた私にとって活字の世界は別格だ。適切な言葉、言い回し、表現方法が思いつかず戸惑うばかり、だから想像力を働かせて読んでもらうしかない。年を重ねるたびに様々な方と出会い、心触れ合う機会に恵まれ、絆を深めてきた。その積み重ねが縁で作品が生まれ、この度の出版にこぎつけたのだ。執筆していただいた以外にもお世話になった方々は多く、中でも日本海テレビ時代の後輩である徳岡玲矢氏（現・編成局次長）には権利処理や写真の手配など多大な協力に心より感謝している。

テレビ業界を取り巻く環境は厳しさを増しているが、この「わたし流番組実践論」がローカルで頑張る若い記者やドキュメンタリスト、あるいはテレビ局を目指す若者たちへの心強いメッセージとなれば嬉しい限りである。

映像で伝える時代へのメッセージ
〜地域を見つめた36年の記録〜

2022年12月１日　発行

著　者　古川　重樹
発　売　今井出版
印　刷　今井印刷株式会社
製　本　日宝綜合製本株式会社